薬学系の基礎がため

有機化学

Basic Organic Chemistry of Pharmacology

［著］
和田重雄
Shigeo Wada
木藤聡一
Soh-ichi Kitoh

講談社

［執筆者］
和田重雄
日本薬科大学教養・基礎薬学部門　教授
木藤聡一
北陸大学薬学部薬学教育研究センター　准教授

［装幀］
鮎川 廉
アユカワデザインアトリエ

はじめに

〈有機化学で悩んでいるあなたへ〉

この本は，有機化学をまだ学習したことがない，あるいは，有機化学を暗記科目と考えている人のために書かれた，薬学部で効率的に有機化学を学習していくために必要な考え方や原理などをこれ一冊で身につけるための，今までに類のない有機化学の入門書です。

我々は，（1）学年が進んでも基礎学力がなかなか身につかない学生，（2）学年が進むにつれ成績が伸び悩むようになる学生など，思い通りに学習が進まない学生とたくさん接してきました。そのような学生の共通点の一つが，目の前の試験でしか合格点が取れない学習をおこなっていることです。

確かに有機化学は知識を蓄えることが重要な科目ですが，丸暗記的に覚えているようでは限界があります。6 年制薬学部に入学したみなさんが今後目指すべきことは，4 年後の共用試験（CBT）や 6 年後の国家試験の時に，余裕を持って効率的に学習できるようになる力を身につけることです。「暗記しておけばなんとかなる」を繰り返していると，後で大きな失敗をすることになるでしょう。そうならないためには，今のうちから有機化学を理解できるようになる学習法を習得すればよいのです。

それを実現するための異様ともいえる入門書がこの本です。有機化学を効率的に学習できるようになるための基礎知識や学習法を習得できるように，工夫に工夫を加えたものです。

この本をで学習すれば，高校で有機化学を勉強していない人や苦手だった人も，大学の難解な有機化学の授業が理解できるようになる基礎学力や学習法を身につけることができます。有機化学を効果的に学習できるようになるのに本当に必要な能力は，知識を増やすことではなく，必要な知識をみつけ出せる能力，そして知識と知識を結びつけられるようになる能力なのです。ここを勘違いしないでください。

この一冊の本で，皆さんの学習のイメージが一新することを願っています。

〈この本で学生を指導する先生方へ〉

基礎学力に乏しい学生が一人で自習しても，基礎知識や化学的な考え方が自然に身につくように工夫して編集しました。たとえば，ワークブック形式にして，漢字の書き取りのように同じ構造式などを何度も記入させるようにしています。

また，高校で化学が不得意だった学生でも理解してもらえるように，専門用語や厳密な反応機構などをできる限り避けながら説明をおこなっています。必ずしも厳密に正しくない表現による説明もあります。また，有機化学の学習に効果的と考えられる化学的なセンスや直感的なイメージを学習段階に応じて伝えることを優先し，用語の定義などを敢えて曖昧にしている箇所があります。まずは，不得意な学生でも理解できるであろうレベルでの解説をおこなっています。学生の理解が進んだら，先生方の対応で，専門用語や厳密な反応機構も交えて「本当はこのようになっている」とご説明いただければ幸いです。

最後になりましたが，本書の執筆にあたり，ご助言，ご指導いただいた日本薬科大学の野澤直美先生に厚く御礼申し上げます。また，講談社サイエンティフィクの小笠原弘高様には，筆者らが多くのご迷惑をおかけしながらも，暖かい目で見守っていただき，出版できるまでに至りました。感謝申し上げます。

2017 年 11 月

著者　和田重雄／木藤聡一

この本の使い方

1）本書の構成と特徴

本書は2部構成になっています。第Ⅰ部で，はじめて学習する人でも対応できる知識を身につけ，第Ⅱ部で，有機化学を効率的に学習するのに必要な要素を身につけるという構成です。具体的に特徴を示します。

《第Ⅰ部》

目的：有機化学の学習に慣れる。

特徴：かなりかみ砕いた説明（とってもわかりやすい表現）。しかしながら，化学的な重要な考え方が含まれています。

注意：有機化学にある程度自信がある人も，念のため目を通してください。

《第Ⅱ部》

目的：薬学系の大学で有機化学を効率的に学習するために必要な重要な考え方（理論）と，最低限の基礎知識を身につける。

特徴：暗記項目は必要最低限に抑え，化学的に重要な考え方などを身につける構成。

注意：単純な暗記に走らずに，意味づけ，納得していくことを中心に進める。

2）具体的な学習法の例

まず，一冊のノートを用意して下さい。ノートに書き込みながら，重要事項をマスターしてほしいのです。目で見るだけ・読むだけの勉強は，記憶に残りにくいことはよく知られています。

第Ⅰ部　有機化学初心者でも，超基本的な知識をおのずと習得できる構成です。

含まれるコンテンツ

本文，要点，チェック問題，まとめの問題，この講で学習したこと

① 学習：本文を読みます。長いようですが，平易な日本語です。その際，下線部や赤色文字の用語，重要と思ったこと，要点などを中心にノートに書き写しながら読み進めます。化学式や反応式はすべてノートに書いてください。

② 確認：次にチェック問題に臨みますが，その前に，ノートに写した下線部や赤色文字を中心に，もう一度読みなおしてください。

③ チェック問題：理解できたと思ったら，チェック問題を解いてください。1回目はノートに書くのがよいでしょう。ほとんどが用語や化学式などの穴埋めです。終わったら，答え合わせをしま

しょう。チェック問題の解答は，それぞれの講の本文中に書いてあるので，わからない場合はよく解説を読み返しましょう。

なお，後述のサポートページにチェック問題の解答を掲載します。

④ まとめの問題：チェック問題でわからなかったところ，間違えたところは，もう一度，ノートにまとめ直してください。それから，まとめの問題を解答しましょう。正解は，巻末にあります。間違えた問題は，くり返し本文などで確認してください。

⑤ ふりかえり：最後に，この講で学習したことに目を通し，そこに書いてあることが理解できているかを確認してください。

有機化学を学ぶのがはじめての人，苦手な人は，第Ⅰ部を２回以上くり返してください。

第Ⅱ部　有機化学の効率的な学習のため，考え方や知識を学習しながら進めます。

含まれるコンテンツ

この講で習得してほしいこと，本文，要点，チェック問題，まとめの問題

① 目標：この講で習得してほしいことに目を通し，各講での目標を確認します。ノートに書いてください。そのことを習得するための学習の方向性を定めます。各目標の習得状況をどの問題で確認できるかも記載しています。

② 学習：本文を読みます。比較的平易な日本語で説明してあります。後半は徐々にレベルが上がってきます（大学入門教科書レベル）。下線部や赤色文字の用語，重要と思ったこと，要点などを中心にノートに書き写しながら読み進めます。

③ 確認：チェック問題を解く前に，ノートに写した内容を，もう一度読み直してください。一回目ですべて正解するようにしましょう。

④ チェック問題：チェック問題を解いてください。１回目はノートに書くのがよいでしょう。チェック問題の解答は，ほとんどがその講の本文中にあります。一部，本文の記載から発展的に解答できる問題もあります。

⑤ まとめの問題：チェック問題でわからなかったところ，間違えたところを，学習しなおして，解答してください。解答は巻末にあります。間違えた問題は，くり返し，本文で知識を確認してください。

⑥ ふりかえり：この講で習得してほしいことがイメージできるようになっていれば合格です。次の講に進んでください。あやしい人は，各目標に対応する問題で習得状況を確認してから進みましょう。

3）さらなる学習

もう少し問題演習をしたい人，深く学習したい人は，本書のサポートページで対応します。演習問題の追加，必要に応じたさらなる解説や発展的な学習の案内などを掲載していく予定です。下記の URL を参照してください。

https://www.kisogatame.com

目次

第Ⅱ部　薬学系有機化学の第一歩
有機化学を考えながら効率的に学ぶ方法

第 I 部

有機化学
超入門

これだけわかれば，有機の基本は大丈夫

有機化学をはじめて学習する人が
まず知っておかなければならない基礎知識を，
ていねいにわかりやすく説明していきます。

第 1 講

有機化学の構造式の書き方

1.1 ● 原子同士の結合と化学式

(1)　原子と原子の結合

原子が結合すると分子ができます。2 つの水素原子が結合するとき，それぞれ電子を 1 個ずつ出して結合します。すなわち，2 個の電子で 1 つ（1 本）の結合ができます。

H・ ＋ ・H ⟶ H：H ⇒ H—H　　電子 2 個（：）が 1 つの結合（—）

電子式　構造式

この結合の線をよく結合の手といいますが，正式には価標といいます。すなわち，「水素原子の間に 1 本の価標がある。」といういい方をします。この結合の方法は，有機化合物でも同じです。

電子を点で表す化学式を電子式，結合（電子 2 個）を価標で表すものを構造式といいます。

(2)　C と H の結合

炭素原子 C は価電子を 4 個もち，それが単独で存在するので 4 個の水素原子と結合します。

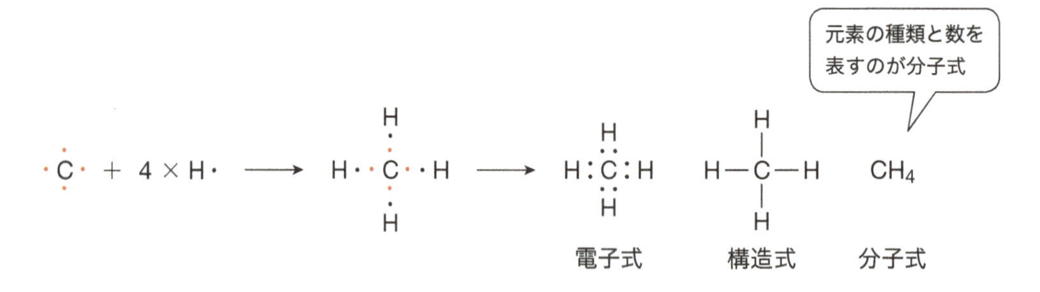

炭素原子 C は，4 本の価標を出せることがわかります。この分子はメタンという分子で都市ガス（天然ガス）の主成分です。化学式として，CH_4 と表します。

[基礎知識チェック 1-1] 空欄を埋めましょう。

2 つの水素原子が結合するとき，それぞれ電子を 1 個ずつ出して結合する。すなわち，2 個の電子で 1 つ（1 本）の ＿＿＿＿ ができる。

結合の手は正式には ＿＿＿＿ という。

(3)　2つのCとHの結合

次に2個の炭素原子に，水素が結合する場合を考えましょう。まず，炭素原子C2個を直接結合させます。すると，右図のように，6個の電子（赤色）が単独で存在することになります。すると，6個の水素と結合できることになります。

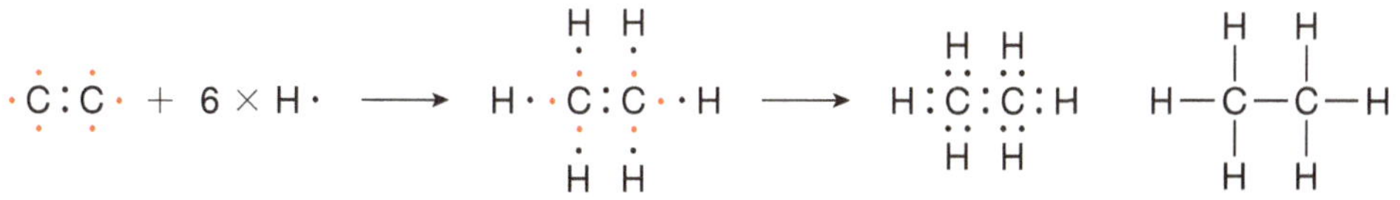

$$\cdot\dot{\underset{\cdot}{C}}\cdot + \cdot\dot{\underset{\cdot}{C}}\cdot \longrightarrow \cdot\dot{\underset{\cdot}{C}}:\dot{\underset{\cdot}{C}}\cdot$$

$$\cdot\dot{\underset{\cdot}{C}}:\dot{\underset{\cdot}{C}}\cdot + 6\times H\cdot \longrightarrow \text{H}\cdot\cdot\text{C}:\text{C}\cdot\cdot\text{H} \longrightarrow \text{H}:\text{C}:\text{C}:\text{H}\quad \text{H}-\text{C}-\text{C}-\text{H}$$

電子式　構造式

CH_3-CH_3　C_2H_6

簡略型構造式　分子式

2個の炭素原子Cに，6個の水素が結合するので，C_2H_6と表します。また，構造式では，C－H間の結合を省略することが多く，CH_3-CH_3とも表します。本書ではこれを簡略型構造式ということにします。この分子は，エタンという物質です。

［化学式チェック1-2］ 水素，メタン，エタンの電子式と構造式を書いてみましょう。

水素 H_2

電子式	構造式

メタン CH_4

電子式	構造式

エタン C_2H_6

電子式	構造式

原子が1つずつ電子を出して2個の電子でできる結合…共有結合

電子式を書くとき，C，Oなどの原子は見かけ上，8個の電子が存在するようになる。Hのみ2個になる。これは，不活性ガスと同じ電子配置になります。

(4)　3種類の原子の結合　CとOとHの結合

次は，1個はCですが，もう1つは価電子を6個もつ酸素原子Oの場合を考えてみましょう。

エタンと同じようにCとOを結合させます。すると単独の電子は4個のみになります。そこで4個のH原子が結合できます。

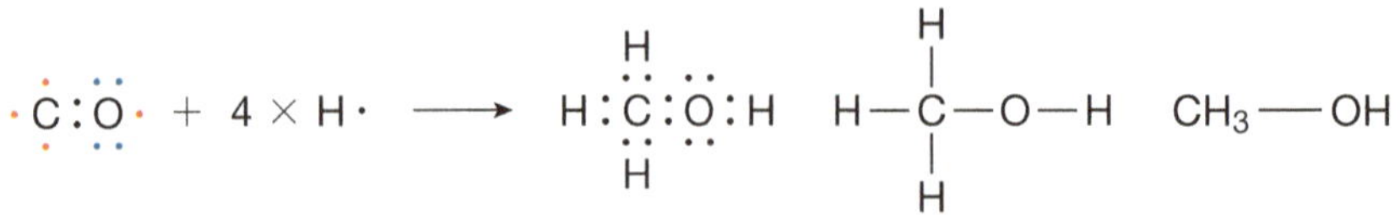

$$\cdot\dot{\underset{\cdot}{C}}\cdot + \cdot\ddot{\underset{\cdot\cdot}{O}}\cdot \longrightarrow \cdot\dot{\underset{\cdot}{C}}:\ddot{\underset{\cdot\cdot}{O}}\cdot$$

$$\cdot\dot{\underset{\cdot}{C}}:\ddot{\underset{\cdot\cdot}{O}}\cdot + 4 \times H\cdot \longrightarrow \begin{matrix} & H & & \\ & \cdot\cdot & \cdot\cdot & \\ H: & C & :O: & H \\ & \cdot\cdot & \cdot\cdot & \\ & H & & \end{matrix} \quad \begin{matrix} & H & & \\ & | & & \\ H- & C & -O- & H \\ & | & & \\ & H & & \end{matrix} \quad CH_3-OH$$

この分子の構成原子をみると，(2) のメタン (CH_4) に対してO原子が1つ増えただけで，この物質は**メタノール**というアルコールです。化学式は，CH_4Oと書くこともありますが，CH_3OHと書く場合が多いです。というのは，第3講で詳しく説明しますが，OHという構造は，種々のアルコールに共通の部分であり，それをわかりやすく示される化学式（示性式）がこのタイプです。

[化学式チェック 1-3] メタノール CH_3OH の電子式と構造式を書いてみましょう。

電子式	構造式

単独の電子を不対電子，結合をつくる2個の電子を共有電子対，O原子の上下の2個の電子のように結合をつくらない電子を非共有電子対といいます。

電子を点で表す点電子式…ルイス構造式
結合を線（価標）で表す構造式…ケクレ構造式

1.2 ● 二重結合，三重結合

ここでは，1 つの原子が 2 つあるいは 3 つの電子を出してつくる結合の話をします。

(1) 1 つの原子が 2 個電子を出す結合（二重結合）

炭素原子同士が結合するとき，2 つの原子がともに 2 個の電子を出して，結合を 2 つ同時につくることができます（紫色）。二本の価標で表し，二重結合といいます。

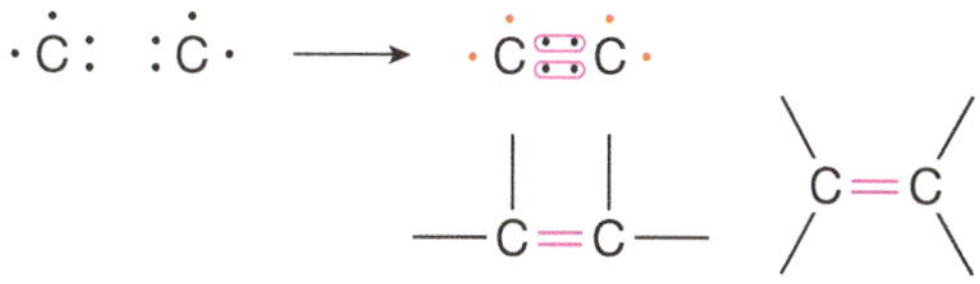

·C̈: :C̈· ⟶ ·C::C·

—C=C—

2 つの炭素原子が二重結合をつくると，残りの単独の電子が 4 個（赤色）になるので，4 つの価標を出すことできます。すなわち，二重結合をもつ炭素 2 個には，4 個の水素が結合することができます。

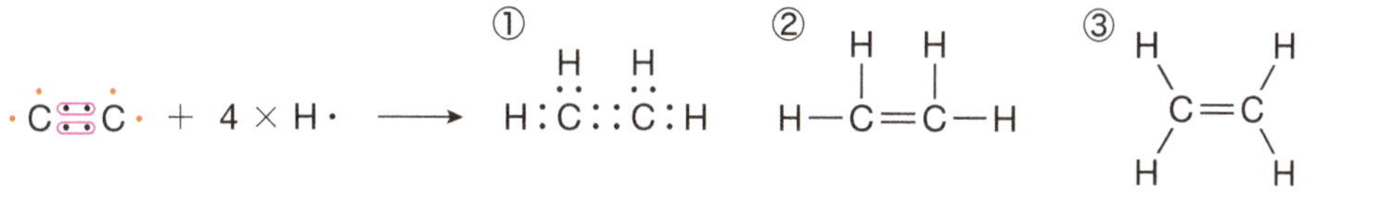

·C::C· ＋ 4 × H· ⟶ ① H:C::C:H（電子式）　② H—C=C—H　③ C=C（構造式）

これは，エチレンといわれる分子で，C_2H_4 と表しますが，二重結合を明確に表すため，$CH_2=CH_2$ と書くことが多いです。また，価標で表す構造式は③のように，対称になるように書き表します。

(2) 1 つの原子が 3 個ずつ電子を出す結合（三重結合）

炭素原子同士が 3 個ずつ電子を出して互いに結合することも可能なのです。炭素 2 個の場合，右図のように炭素原子間に 6 個の電子，すなわち，2 個 1 組の電子が 3 組（3 組の電子対という）あります。これが三重結合です。

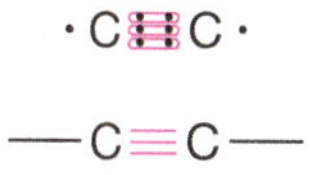

·C⋮⋮C·

—C≡C—

·C⋮⋮C· ＋ 2 × H· ⟶ H:C⋮⋮C:H　H—C≡C—H　CH≡CH

電子式　構造式　簡略型構造式

単独の電子が 2 個あるので，2 つの原子と結合します。上記のように 2 個の水素が結合した C_2H_2 は，アセチレンという分子で CH≡CH とも表されます。

[化学式チェック 1-4] エチレンとアセチレンの点電子式と簡略型の構造式を書いてみましょう。

エチレン C_2H_4		アセチレン C_2H_2	
電子式	構造式	電子式	構造式

1.3 ● 構造式の書き方のまとめ

この講では，有機化学で出てくる分子の構造式の書き方を学習しました。

それでは，構造式を書けるようなるために，復習しましょう。

あわてず，自分を信じて，構造式を書いてください。

自信が無い場合は，前の 4 ページに出てきた 6 種類の分子の電子式，構造式をノートなどに書いてから，次のまとめの問題に進んでください。

[第 1 講のまとめの問題]

(A)　次の構造式を答えよ。

メタン CH_4　　　　エタン C_2H_6

①　　　　②

(B)　エタン C_2H_6 の簡略型構造式（CH 間の価標を省略）を答えよ。

エタン C_2H_6

③

(C)　メタノール CH_3OH の構造式と簡略型構造式を答えよ。

構造式　　　　簡略型構造式

④　　　　⑤

(D)　エチレン C_2H_4 は分子内に二重結合を持っている。エチレンの構造式と簡略型構造式を答えよ。

構造式	簡略型構造式
⑥	⑦

(E)　アセチレン C_2H_2 は分子内に三重結合を持っている。アセチレンの構造式と簡略型構造式を答えよ。

構造式	簡略型構造式
⑧	⑨

第1講で学習したこと

1)　2個の原子が電子を1個ずつ出して，電子2個で1本の共有結合になる

2)　結合を表す線は価標という　⇒　原子間の線（価標）＝電子2個

3)　原子から出る価標の数：水素1本，炭素4本，酸素2本

4)　原子間に結合が2本（電子4個）は二重結合，結合が3本（電子6個）は三重結合

重要化合物：メタン CH_4，エタン C_2H_6，エチレン C_2H_4，アセチレン C_2H_2

第2講

炭化水素と水素の付加反応

2.1 ● 炭化水素の基本

有機化合物は，炭素と水素が基本となっています。炭素と水素だけの化合物を炭化水素といいます。前講で学習したエタン，エチレン，アセチレンも炭化水素です。

炭化水素は，二重結合や三重結合を持つか持たないか，で分類されます。

(1)　アルカン（二重結合，三重結合を持たない）

分子内に二重結合や三重結合を持たない炭化水素をアルカンといいます。例として，メタン CH_4，エタン C_2H_6，プロパン C_3H_8，ブタン C_4H_{10} などがあります。メタンは天然ガスの主成分，プロパンはプロパンガス，ブタンは使い捨てライターの燃料として使われています。

```
     H           H   H           H   H   H            H   H   H   H
     |           |   |           |   |   |            |   |   |   |
 H — C — H   H — C — C — H   H — C — C — C — H    H — C — C — C — C — H
     |           |   |           |   |   |            |   |   |   |
     H           H   H           H   H   H            H   H   H   H
```

CH_4	CH_3-CH_3	$CH_3-CH_2-CH_3$	$CH_3-CH_2-CH_2-CH_3$
CH_4	C_2H_6	C_3H_8	C_4H_{10}
メタン	エタン	プロパン	ブタン

これらの原子数に注目すると，炭素Cが1つ増えるごとに，水素Hが2つ増えていることがわかります。

(2)　アルケン（二重結合1つあり）

分子内に二重結合をもつ炭化水素をアルケンといいます。エチレン C_2H_4，プロペン C_3H_6 などがあります。この例を右ページに示します。

エチレン C_2H_4 の青色の水素 H が CH_3 に置き換わったものがプロペン C_3H_6 となります。アルケンでもCが1つ増えると，Hが2つ増えます。

飽和炭化水素…二重結合や三重結合がない炭化水素を飽和炭化水素といいます。水素がめいっぱい飽和になるまで結合したという意味です。

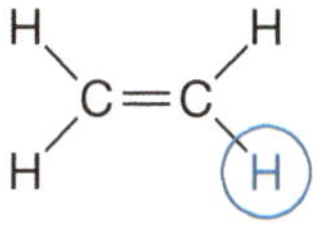

$CH_2=CH_2$

C_2H_4

エチレン

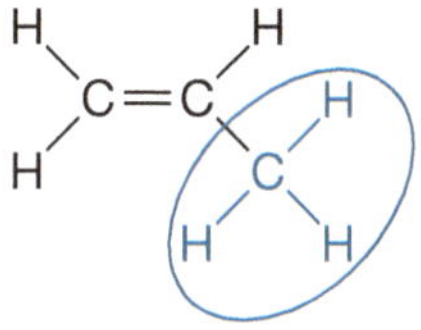

$CH_2=CH-CH_3$

C_3H_6

プロペン

(3) アルキン（三重結合１つあり）

分子内に三重結合を持つ炭化水素をアルキンといいます。アセチレン C_2H_2 のほかに，プロピン C_3H_4 などがあります。

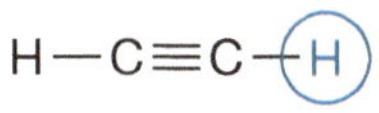

$H-C\equiv C-H$

$CH\equiv CH$

C_2H_2

アセチレン

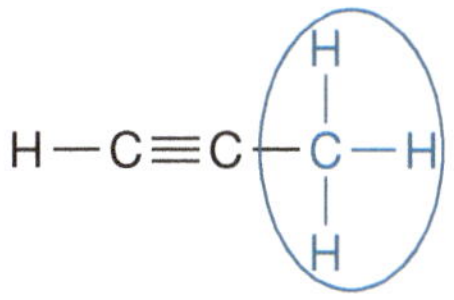

$CH\equiv C-CH_3$

C_3H_4

プロピン

この２つの分子を比較すると，アセチレン C_2H_2 の青色の H が CH_3 に置き換わったものがプロピン C_3H_4 とわかります。原子数に注目すると，アルキンでもアルカンと同様，C が１個増えると H が２個が増えています。

> 次のことに気づきましたか。
> 1. 炭素と水素のみでできる物質を炭化水素という。
> 2. 二重結合，三重結合の有無で，アルカン，アルケン，アルキンに分類される。
> 3. 基本的に，炭素が１個増えると水素が２個増える。

赤色の用語の意味や化学式を見直してください。次ページのチェック問題はなるべく本文を見ないで答えましょう。それが埋められれば，基礎知識が身に付いてきたといえます。埋められない場合は，この講のどこかに答えがあるので，探して答えてください。ただし，単純に書き写すのではなく，意味を考えてくださいね。

[基礎チェック 2-1] 空欄を埋めましょう。

炭化水素は，二重結合や三重結合の有無で 3 種類に分類される。二重結合を持つ炭化水素を [　　　　] といい，三重結合を持つ炭化水素を [　　　　] という。また，二重結合も三重結合も持たない炭化水素は [　　　　] という。

[化学式チェック 2-2]

(A)　次の化合物の簡略型の構造式を書いてみましょう。

エタン C_2H_6	エチレン C_2H_4	アセチレン C_2H_2

プロパン C_3H_8	プロペン C_3H_6	プロピン C_3H_4

(B)　次の簡略型の構造式で示される物質の名称を書いてみましょう。

CH_3-CH_3	$CH_2=CH_2$	$CH\equiv CH$

$CH_3-CH_2-CH_3$	$CH_2=CH-CH_3$	$CH\equiv C-CH_3$

2.2 ● アルケンの水素付加反応

(1)　エチレンの水素付加

ニッケル Ni があると，エチレン C_2H_4 に水素 H_2 が結びつきエタン C_2H_6 が生じます。

$$CH_2{=}CH_2 + H_2 \xrightarrow{(Ni)} CH_3{-}CH_3$$

エチレン C_2H_4　　　　エタン C_2H_6

矢印の上の物質は触媒を表す

この反応は，二重結合の部分に点線の矢印のように水素が加わる反応であり，付加反応といいます。水素が付加する部分だけを表すと次のようになります。

$$>C{=}C< + H{-}H \longrightarrow -\overset{|}{\underset{H}{C}}-\overset{|}{\underset{H}{C}}-$$

価標の先に原子が書いていないのは，どの原子の場合でもよいことを意味している。

(2)　プロペンの水素付加

プロペン C_3H_6 も二重結合があるので，水素が付加してプロパン C_3H_8 が生じます。

$$CH_2{=}CH{-}CH_3 + H_2 \xrightarrow{(Ni)} CH_3{-}CH_2{-}CH_3$$

プロペン C_3H_6　　　　プロパン C_3H_8

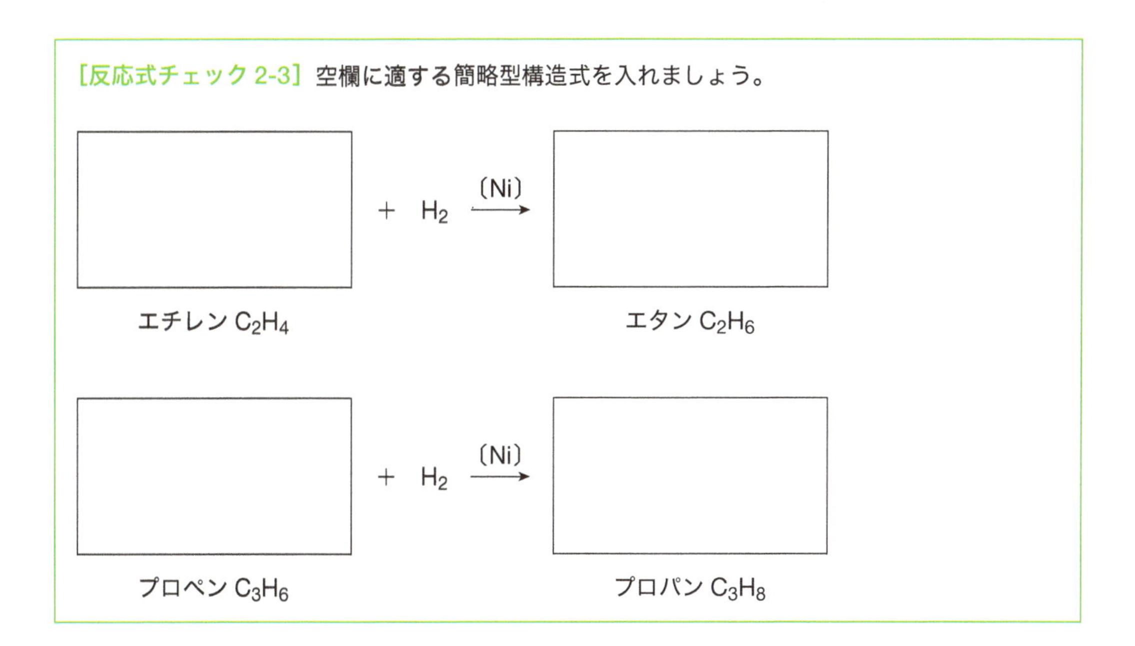

[反応式チェック 2-3] 空欄に適する簡略型構造式を入れましょう。
+ H2 (Ni)
エチレン C2H4
エタン C2H6
+ H2 (Ni)
プロペン C3H6
プロパン C3H8

(3) 有機反応の考え方　エチレンの水素付加を例として

化学反応は，原子同士の結合が切れて，新たな結合が生じることといえます。そこで，第１講で学習した電子２個（価標１本）に注目して，反応を考えます。

ちょっと難しいかもしれませんが，今は，電子に注目すると化学反応の仕組みが説明できるということがわかればよいです。まだ，反応の仕組みは覚えなくてよいです。ただし読んだ時には納得してほしいです。

前ページの（1）で示したエチレンの水素付加の反応を，電子を色分けして書き表します。C－C の二重結合の１本の価標を緑色で，水素分子の価標を紫色で描きます。注目点は２点です。

・結合が切れるとき２個の電子がどう移動するか。
・新たな結合（２個の電子）がどのようにできるのか。

結合が切れるときは，１つの結合が２個の電子に分かれます。C－C 間の電子は緑色で，H－H 間の電子は紫色（STEP ①）。続いて，点線で囲んだ，緑色（C 由来）と紫色（H 由来）の電子が２個１組で新たな結合（水色の価標）が生じます（STEP ②）。このように理解してください。

水素付加のしくみ

① C－C 間の二重結合のうちの１つの結合（緑色）と H－H 間の結合（紫色）がそれぞれ緑色と紫色の電子（・）に分かれます。

② 緑色と紫色の２つの電子（点線部）が，C－H 間の新たな結合になります。

[基礎知識チェック 2-4] 空欄を埋めましょう。

化学反応は，結合が［　　　　］て，新たな［　　　　］が生じること。

反応のしくみなどの説明で，矢印が出てきます。原則，点線の矢印は原子の動きを，実線の矢印は電子の流れを表します。

2.3 ● アルキンの水素付加反応

三重結合も二重結合と同様に，ニッケルなどが存在すると水素付加がおこります。

(1)　アセチレンの水素付加

アセチレン C_2H_2 に水素が付加すると，エチレン C_2H_4 が生じます。

$$CH{\equiv}CH \;+\; H_2 \xrightarrow{(Ni)} CH_2{=}CH_2$$

アセチレン C_2H_2　　水素　　エチレン C_2H_4

アセチレンへの水素付加もエチレンの場合と同じしくみでおこります。

$$H{-}C{\equiv}C{-}H \;\; + \;\; H{-}H \xrightarrow{①} \begin{matrix} H & & H \\ & C{=}C & \\ H & & H \end{matrix} \xrightarrow{②} \begin{matrix} H & & H \\ & C{=}C & \\ H & & H \end{matrix}$$

結合になる

(2)　プロピンの水素付加

プロピン C_3H_4 も三重結合があるので水素が付加し，プロペン C_3H_6 が生じます。

$$CH{\equiv}C{-}CH_3 \;+\; H_2 \xrightarrow{(Ni)} CH_2{=}CH{-}CH_3$$

プロピン C_3H_4　　プロペン C_3H_6

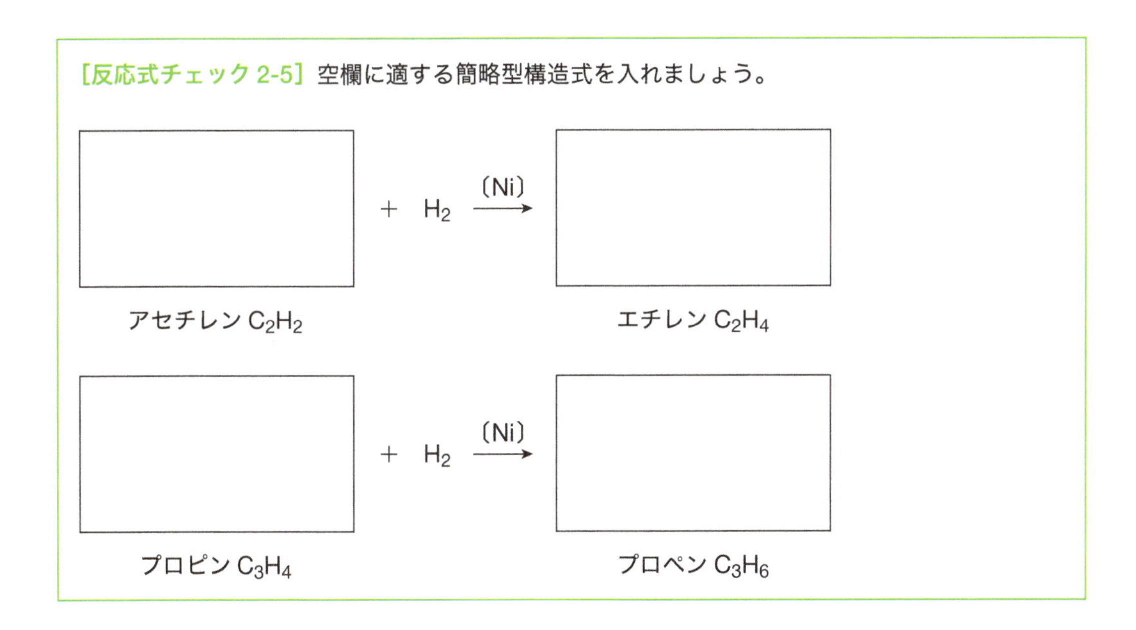

[反応式チェック 2-5] 空欄に適する簡略型構造式を入れましょう。
＋ H2
(Ni)
アセチレン C2H2
エチレン C2H4
＋ H2
(Ni)
プロピン C3H4
プロペン C3H6

まとめの問題を解く前に，もう一度下線や赤文字の部分を中心に読み直してください。問題を解く時本文を見ないで答えられるようになってください。

[第 2 講のまとめの問題]

(A)　空欄を補充せよ。

炭素と水素のみからなる物質を ① ［　　　］ という。そのなかで，アルケンは，② ［　　　］ 結合をもち，アルキンは，③ ［　　　］ 結合をもつ。また，両者は，ニッケルなどがあると，水素が結びつく ④ ［　　　］ 反応がおこる。

(B)　次の物質の構造式を答えよ。

アセチレン	エタン	エチレン
⑤	⑥	⑦

プロパン	プロピン	プロペン
⑧	⑨	⑩

(C)　次の反応に該当する簡略型構造式を答えよ。

⑪ 　＋ H_2 $\xrightarrow{(Ni)}$ ⑫

エチレン　　エタン

⑬ 　＋ H_2 $\xrightarrow{(Ni)}$ ⑭

プロペン　　プロパン

⑮ 　＋ H_2 $\xrightarrow{(Ni)}$ ⑯

アセチレン　　エチレン

⑰ 　＋ H_2 $\xrightarrow{(Ni)}$ ⑱

プロピン　　プロペン

第2講で学習したこと

1)　有機化合物は炭素と水素が基本

2)　炭素と水素のみの化合物が炭化水素

3)　二重結合，三重結合を持たないのがアルカン

4)　二重結合を１つ持つのがアルケン，三重結合を１つ持つのがアルキン

5)　結合が切れて新たな結合ができるのが化学反応

6)　アルケン，アルキンには水素が付加する反応が起こる

7)　水素の付加反応は，二重結合中の１本の結合の２個の電子が１個ずつに分かれ，そこに１個の電子を持った水素が結びつき，炭素と水素の間に新たな結合が生成するようにおこる

重要化合物：メタン CH_4，エタン C_2H_6，プロパン C_3H_8，ブタン C_4H_{10}，エチレン C_2H_4，プロペン C_3H_6，アセチレン C_2H_2，プロピン C_3H_4

この部分をしっかり学びとってください。あやしい人は，ノートに書き写しておいてください。

アルコールと酸化反応

3.1 ● アルコール

メタノールやエタノールという名称は耳にしたことがあるでしょう。ともに，代表的なアルコールの名称です。メタノール CH_3OH はアルコールランプの燃料として，エタノール C_2H_5OH は酒類の他，殺菌・消毒液の主成分としても知られています。下に，3種類のアルコールを示します。

アルカン	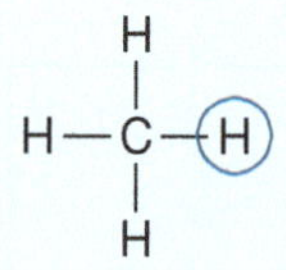 H H—C—(H) H	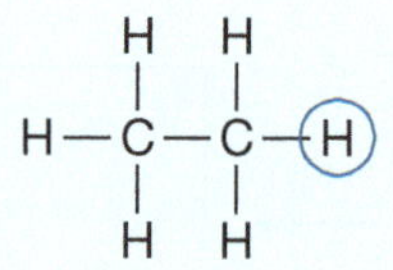 H H H—C—C—(H) H H	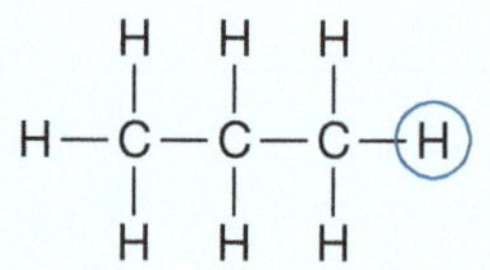 H H H H—C—C—C—(H) H H H
	CH_4	CH_3-CH_3	$CH_3-CH_2-CH_3$
	メタン	エタン	プロパン
アルコール	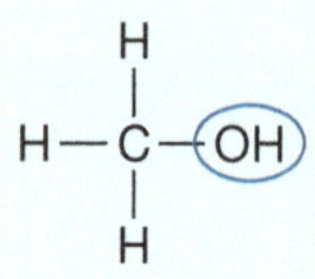 H H—C—(OH) H	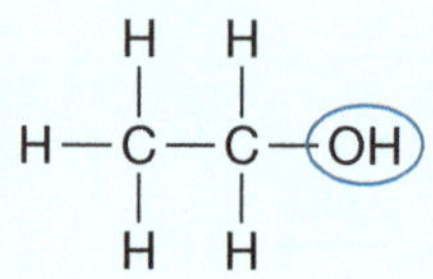 H H H—C—C—(OH) H H	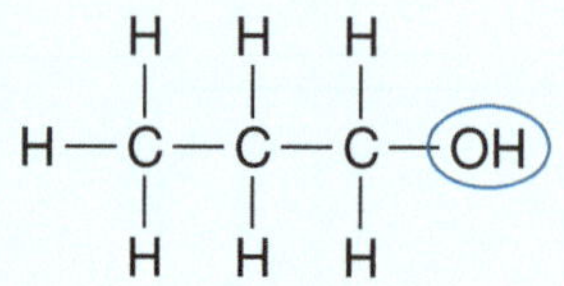 H H H H—C—C—C—(OH) H H H
	CH_3-OH	CH_3-CH_2-OH	$CH_3-CH_2-CH_2-OH$
	CH_3OH	CH_3CH_2OH C_2H_5OH	$CH_3CH_2CH_2OH$ C_3H_7OH
	メタノール	エタノール	プロパノール

アルカンの青色の丸印の水素HがOHに置き換わると，アルコールになります。また，名称もアルカンの最後のンがノールに変わっています。

・メタン　CH_4 のHの1つをOHへ　⇒　メタノール　CH_3OH
・エタン　C_2H_6 のHの1つをOHへ　⇒　エタノール　C_2H_5OH（CH_3CH_2OH）
・プロパン C_3H_8 のHの1つをOHへ　⇒　プロパノール C_3H_7OH（$CH_3CH_2CH_2OH$）

このように，－OHという構造をもつ物質をアルコールといい，－OHという構造をヒドロキシ基といいます。

【基礎知識チェック 3-1】空欄を埋めましょう。

－OH の構造をもつ物質を［　　　　］といい，－OH という構造を［　　　　］基という。

【化学式チェック 3-2】

（A） 次の化合物の簡略型構造式と示性式を書いてみましょう。

	メタノール	エタノール	プロパノール
構造式			
示性式			

（B） 次の示性式で示される物質の名称をいれましょう。

CH_3OH	C_2H_5OH	C_3H_7OH

3.2 ● エタノールの酸化反応

飲料のエタノールは酔わせることはあまりにも有名ですが，やがて酔いはさめます。それは，エタノールが体内で化学変化（代謝）を受けるからです。具体的には，肝臓で 2 段階で酸化されます。有機化合物の酸化は，酸素が結合するか，水素が解離する（はずれる）反応です。

エタノールの場合は，1 段階目に 2 個の水素がはずれてアセトアルデヒド（CH_3CHO）に，2 段階目に酸素原子が 1 個結合して酢酸（CH_3COOH）へと変化します。

$$\underset{\text{エタノール}}{CH_3CH_2OH} \xrightarrow[-2H]{\text{酸化}} \underset{\text{アセトアルデヒド}}{CH_3CHO} \xrightarrow[+O]{\text{酸化}} \underset{\text{酢酸}}{CH_3COOH}$$

この反応を，確実に覚えられるように，次ページでもう少し詳しく説明します。

(1)　エタノールの１段階目の酸化：水素原子の解離

１段階目は，水素原子が２個はずれる反応です。橙色の中から２個の水素が取れ，緑色の CHO という構造に変化します*。

$$CH_3CH_2OH \xrightarrow{\text{酸化}} CH_3CHO + 2H$$

エタノール　　アセトアルデヒド

このしくみをちょっと詳しく説明します。

反応のしくみは覚える必要はありませんが，一度納得すると，この反応を思い出しやすくなるはずです。

① 酸化剤により酸化されて，OH 基の H とその隣の C に結合する H がはずれようとする（青色）。

② そのとき，付加反応の逆がおこり，C と O の間に２本目の結合ができ，CO が二重結合になる。C＝O とその C に結合する H をまとめてホルミル（アルデヒド）基（－CHO）という（緑色）。

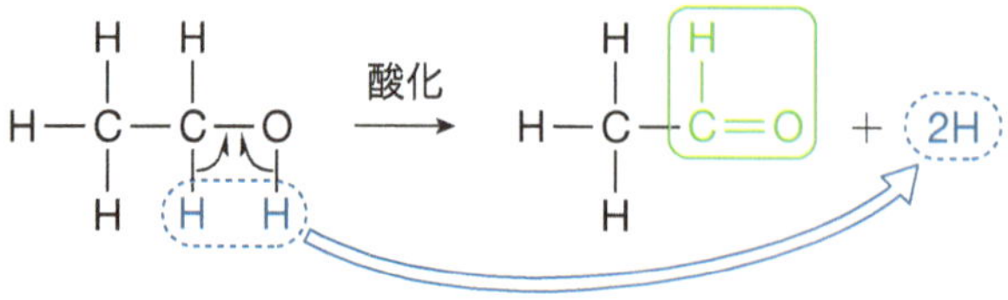

H－C(H)(H)－C(H)(H)－O－H　→(酸化)　H－C(H)(H)－C(H)＝O　＋　2H

エタノール　　アセトアルデヒド

(2)　エタノールの２段階目の酸化：酸素原子の結合

２段階目の酸化は，酸素原子が加わる反応です。緑色の CHO の構造に O が加わり，紫色の COOH という構造に変化して，酢酸が生じます。

$$CH_3CHO + O \xrightarrow{\text{酸化}} CH_3COOH$$

アセトアルデヒド　　酢酸

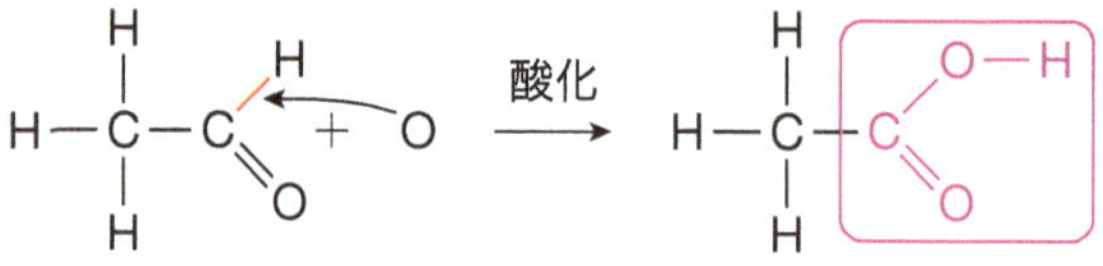

H－C(H)(H)－C(H)＝O　＋　O　→(酸化)　H－C(H)(H)－C(＝O)－O－H

アセトアルデヒド　　酢酸

① 酸化剤から出された酸素原子が，CO の C と H の結合（赤色）に近づく

② C と H の結合（赤色）を切断し，そこに酸素原子が入り込む。

③ C＝O に OH が結合した－COOH という構造（紫色；カルボキシ基）が生じる。

エタノールの酸化

$$CH_3CH_2OH \xrightarrow[-2H]{\text{酸化}} CH_3CHO \xrightarrow[+O]{\text{酸化}} CH_3COOH$$

エタノール　──→　アセトアルデヒド　──→　酢酸

*反応の詳しい説明：H がはずれるとき，電子１をもつ原子状態になる。C と O はそれぞれ電子が１個ずつ残るので，その２個の電子が新しい２本目の結合になる。

［反応式チェック 3-3］ 次のエタノールの酸化反応において，空欄に適した簡略型構造式を入れましょう。

CH_3CH_2OH ⟶(−2H) ［　　　　］ ⟶(+O) ［　　　　］

エタノール　　アセトアルデヒド　　酢酸

3.3 ● いろいろなアルコールの酸化反応

3.2 で説明したエタノールの酸化反応をよくみると，CH_3 の部分は変化せず，青色の $-CH_2OH$ ⇒ $-CHO$ ⇒ $-COOH$ という部分が酸化反応に関係しています。

$$CH_3-CH_2OH \xrightarrow[-2H]{酸化} CH_3-CHO \xrightarrow[+O]{酸化} CH_3-COOH$$

となると，黒色の部分が CH_3 以外でも，類似の反応がおこるのではないかと予想できませんか。大正解です。たとえば，CH_3 を H に置き換えると酸化されるアルコールはメタノールです。これも次のように，ホルムアルデヒド HCHO，ギ酸 HCOOH へと酸化されます。

$$\underset{メタノール}{\overset{H-CH_2OH}{CH_3OH}} \xrightarrow[-2H]{酸化} \underset{ホルムアルデヒド}{HCHO} \xrightarrow[+O]{酸化} \underset{ギ酸}{HCOOH}$$

すなわち，$-CH_2OH$ という構造を持っているアルコールは，2 段階で酸化反応をおこすと考えてよいのです。

上に示した 2 つの反応の黒色の CH_3 や H を共通の◇で表わすと次のように一般化した反応式として表せます。

アルコールの酸化反応の一般化

$$\underset{アルコール}{◇-CH_2OH} \xrightarrow[-2H]{酸化} \underset{アルデヒド}{◇-CHO} \xrightarrow[+O]{酸化} \underset{カルボン酸}{◇-COOH}$$

アルデヒド：
　$-CHO$ を持つ物質
カルボン酸：
　$-COOH$ を持つ物質

前ページの一般化の式の◇が CH_3CH_2 のときは，次のように反応が起こります。

$$CH_3CH_2CH_2OH \xrightarrow[-2H]{\text{酸化}} CH_3CH_2CHO \xrightarrow[+O]{\text{酸化}} CH_3CH_2COOH$$

プロパノール　　プロパナール　　プロピオン酸

前ページも含め◇－の具体例として，H－，CH_3－，CH_3CH_2－（C_2H_5－と表記することもあり）のときの反応を説明しました。3 種とも共通なので，反応式を一般化（共通表現）するときに，CH_3－，CH_3CH_2－などをまとめて R－と記すことが多くあります。R－はアルキル基（炭化水素基）といわれるもので，アルカン（炭化水素）の H を 1 つ価標におきかえたものになります。

CH_3－メチル基，CH_3CH_2－はエチル基といいます。

［基礎知識チェック 3-4］ 空欄を埋めましょう。

分子内に－CH_2OH という構造をもつアルコールは，2 段階で［　　　　］反応をおこす。

［反応式チェック 3-5］

（A）　アルコールの 2 段階の酸化において，空欄に適する物質を一般化した式または名称で答えましょう。

［R－　　　　］ →（－2H） R－CHO →（＋O） R－COOH

アルコール　　アルデヒド　　［　　　　酸］

（B）　メタノールの酸化反応において，空欄に適した化学式を入れましょう。

［　　　　］ →（－2H） ［H－　　　　］ →（＋O） ［H－　　　　］

メタノール　　ホルムアルデヒド　　ギ酸

なお H－は厳密にはアルキル基には含まれませんが，メタノール H－CH_2－OH の H は例外的に同一レベルで扱われます。

[第 3 講のまとめの問題]

(A)　空欄を補充せよ。

アルコールは，分子内に ① [　　　] 基という ② [　　　] の構造を持つ物質である。

(B)　次の物質の化学式または名称を答えよ。

メタノール	エタノール	⑤
③	④	$CH_3CH_2CH_2OH$

(C)　エタノールの酸化反応に適した物質を化学式で答えよ。

⑥ [　　　] $\xrightarrow{(-2H)}$ ⑦ [　　　] $\xrightarrow{(+O)}$ ⑧ [　　　]

エタノール　　アセトアルデヒド　　酢酸

(D)　アルコールの 2 段階の酸化において，空欄に適した物質を一般化した化学式で答えよ。

⑨ [　　　] $\xrightarrow{(-2H)}$ ⑩ [　　　] $\xrightarrow{(+O)}$ ⑪ [　　　]

アルコール　　アルデヒド　　カルボン酸

第3講で学習したこと

1)　アルコールは－OH（ヒドロキシ基）を持つ化合物

2)　エタノールが酸化されると，アセトアルデヒドを経て酢酸になる

3)　アルコールが酸化されるとき，$-CH_2OH \longrightarrow -CHO \longrightarrow -COOH$ と変化する

重要化合物：メタノール CH_3OH，エタノール C_2H_5OH，プロパノール C_3H_7OH，
アセトアルデヒド CH_3CHO，酢酸 CH_3COOH，ホルムアルデヒド $HCHO$，ギ酸 $HCOOH$，
アルコール ROH，アルデヒド $RCHO$，カルボン酸 $RCOOH$

第4講

カルボン酸と脱水縮合反応

4.1 カルボン酸

(1)　カルボン酸とは

第3講で，アルコールを酸化するとカルボン酸が生じることを学習しました。それをまとめると，次のようになります。

炭素原子	1個	2個	3個
RCH_2OH アルコール	CH_3OH メタノール	CH_3CH_2OH エタノール	$CH_3CH_2CH_2OH$ プロパノール
	⇩ 酸化	⇩ 酸化	⇩ 酸化
$RCOOH$ カルボン酸	$HCOOH$ ギ酸	CH_3COOH 酢酸	CH_3CH_2COOH プロピオン酸

3種類のアルコールは，ともに酸化され，それぞれカルボン酸へと変化します。炭素原子の数はそのままで，変化しています。生じたカルボン酸は，“酸”という言葉のとおり，酸性を示します。

有機化合物の性質やその反応を考えるとき，まずは，有機化合物中の炭素原子の数と，特徴的な性質を示す集団に注目します。後者の代表例として物質が－COOHという構造のカルボキシ基や－OHという構造のヒドロキシ基があります。カルボキシ基を持つ化合物がカルボン酸です。

このカルボキシ基や，アルコールのヒドロキシ基などの特徴的性質を示す原子の集団を官能基（詳細は第7講）といいます。

(2)　代表的なカルボン酸

カルボン酸には，RCOOH で表されるギ酸，酢酸，プロピオン酸のほかに，カルボキシ基を 2 つ持つシュウ酸やコハク酸，ヒドロキシ基もあわせて持つ乳酸などがあります。

$HCOOH$ ギ酸	CH_3COOH 酢酸	CH_3CH_2COOH プロピオン酸
$HOOC-COOH$ シュウ酸	$HOOC-CH_2-CH_2-COOH$ コハク酸	$CH_3-CH(OH)-COOH$ 乳酸

[基礎知識チェック 4-1] 空欄を埋めましょう。

－COOH の構造は，[　　　　　　]基という。

この基を持つ化合物を[　　　　　　]という。

[化学式チェック 4-2]

(A)　次の化合物を化学式で書いてみましょう。

ギ酸	酢酸	シュウ酸

(B)　次の化学式（示性式）で示される物質の名称を答えましょう。

$HCOOH$	CH_3COOH	$HOOC-COOH$

4.2 ● エステル化反応（脱水縮合反応）

強い刺激臭をもつ酢酸 CH_3COOH とエタノール CH_3CH_2OH をほぼ等量混ぜて，そこに濃硫酸を数滴加えてからしばらくおくと，パイナップルの香りがする酢酸エチル $CH_3COOCH_2CH_3$ という物質が生じます。

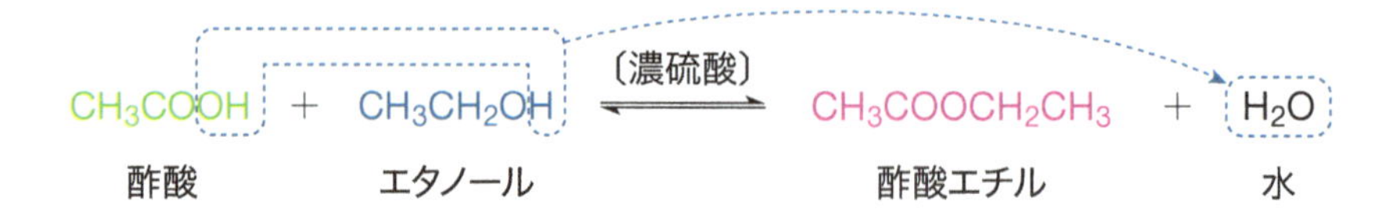

この反応は，青色で示すようにカルボキシ基の OH とヒドロキシ基の H が水分子として取れ（脱水），2 つの分子が結びつきます。このように，2 つの分子から水が取れて，縮まるように結びつく反応を脱水縮合反応といいます。

酢酸の代わりにギ酸を用いても，脱水縮合反応がおこります。そのとき生じる物質は，桃の香りをもつギ酸エチルとなります。

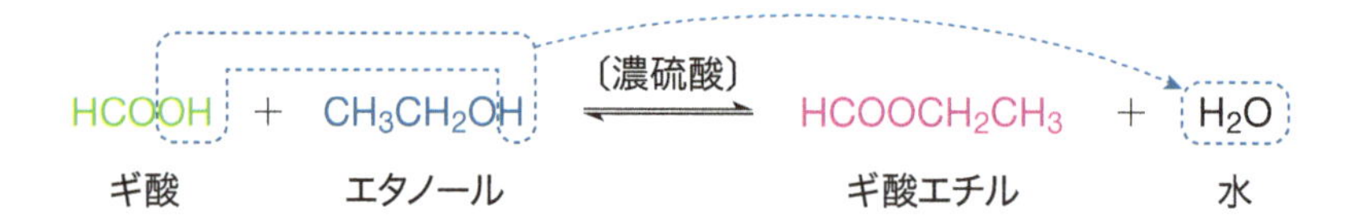

この 2 つの反応は，類似しています。両者の反応で生じる，酢酸エチルとギ酸エチルは同じ種類の物質で，エステル RCOOR′といわれる物質の代表例です。カルボン酸 RCOOH とアルコール ROH が脱水縮合反応をおこすと，エステル RCOOR′が生じます。この脱水縮合反応をエステル化といいます。R と R′は異なるアルキル基を意味します。

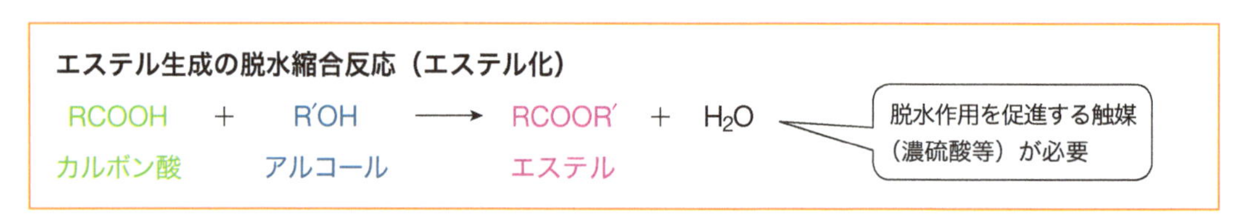

エステル生成の脱水縮合反応（エステル化）
RCOOH ＋ R′OH ⟶ RCOOR′ ＋ H2O
カルボン酸
アルコール
エステル
脱水作用を促進する触媒（濃硫酸等）が必要

［基礎知識チェック 4-3］ 空欄を埋めましょう。

2 つの分子から水がはずれ結びつく反応を［　　　　］反応という。

4.3 ● カルボン酸同士の脱水縮合反応

カルボン酸同士でも，2 分子から水が取れる脱水縮合反応がおこります。

2 分子の酢酸から 1 分子の水がはずれると無水酢酸という物質が生じます。

$$2CH_3COOH \xrightarrow{\text{〔濃硫酸〕}} (CH_3CO)_2O + H_2O$$

酢酸　　　　無水酢酸

$$\begin{matrix} CH_3COOH \\ CH_3COOH \end{matrix} \xrightarrow{\text{〔濃硫酸〕}} \begin{matrix} CH_3CO \\ \quad\quad O \\ CH_3CO \end{matrix} + H_2O$$

酢酸　　　　無水酢酸

4.4 ● アルコール同士の脱水縮合反応

アルコール同士でも，脱水縮合反応がおこります。

たとえば，2 分子エタノール（ここでは C_2H_5OH と表します）から水がはずれると，ジエチルエーテル（$C_2H_5OC_2H_5$）が生じます。

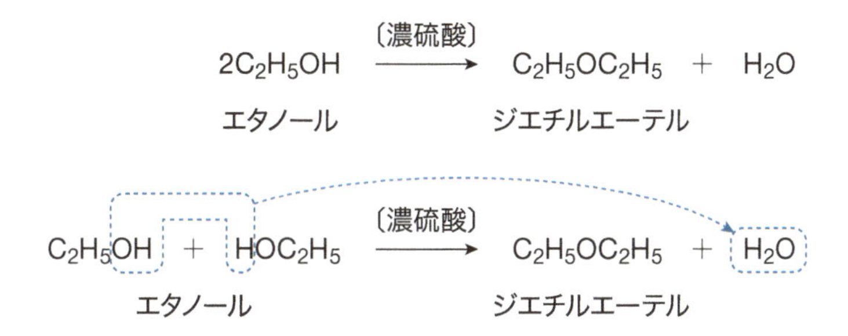

4.2 ～ 4.4 で説明した 3 種類の反応は，いずれも 2 つの OH から水（H_2O）を取り出す脱水が伴う反応になっています。アルコールやカルボン酸は，O や H が取れやすいので脱水がおこると納得してください。

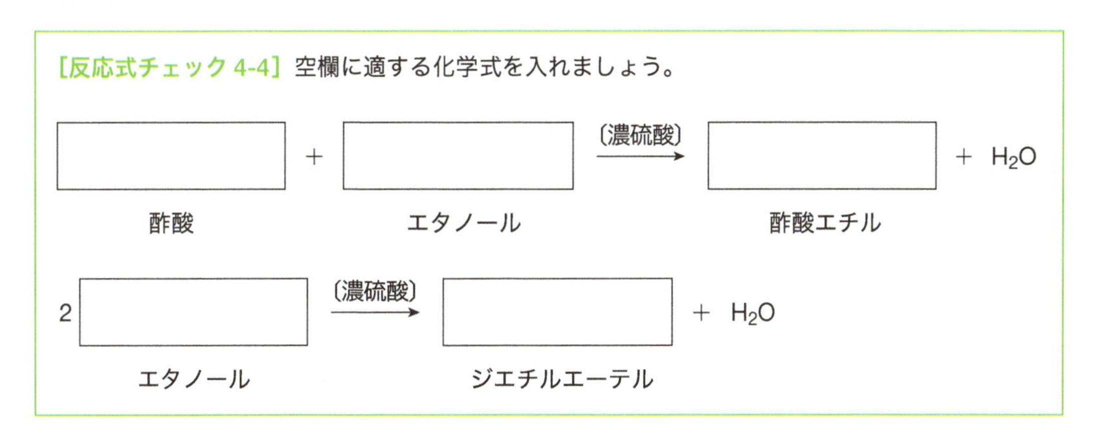

[反応式チェック 4-4] 空欄に適する化学式を入れましょう。
＋
〔濃硫酸〕
＋ H_2O
酢酸
エタノール
酢酸エチル
2
〔濃硫酸〕
＋ H_2O
エタノール
ジエチルエーテル

反応のしくみがわかると，異なる種類の物質でも反応が予想できるようになります。超基本物質と超基本の反応をしっかり覚えると，有機化学をとても効率的に学習できるようになります。

[第 4 講のまとめの問題]

(A)　次の分子の化学式を答えよ。

ギ酸	酢酸	シュウ酸
①	②	③

酢酸エチル	ジエチルエーテル
④	⑤

(B)　次の空欄に該当する名称または化学式を入れて反応式を完成させよ。

RCOOH　＋　R′OH　⟶　RCOOR′　＋　H_2O

⑥　　⑦　　⑧

$2CH_3COOH$　⟶　$(CH_3CO)_2O$　＋　H_2O

⑨　　⑩

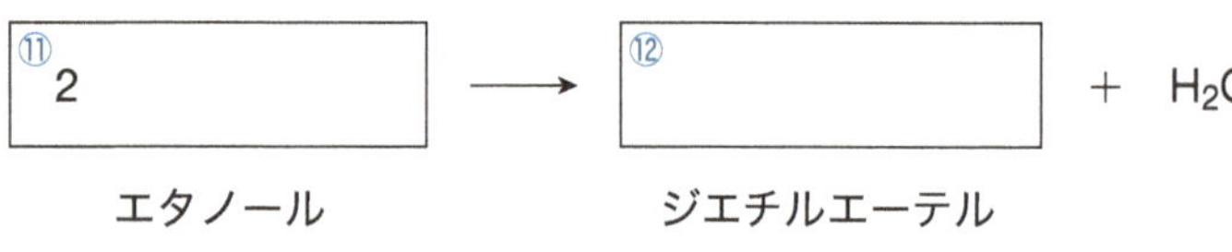

第4講で学習したこと

1)　カルボン酸は－COOH（カルボキシ基）を持つ化合物
2)　カルボン酸とアルコールが脱水縮合反応をおこすとエステルが生じる
3)　カルボン酸同士でも脱水縮合反応がおこる
4)　アルコール同士でも脱水縮合反応がおこる

重要化合物：ギ酸 HCOOH，酢酸 CH_3COOH，プロピオン酸 CH_3CH_2COOH，
酢酸エチル $CH_3COOCH_2CH_3$，ジエチルエーテル $CH_3CH_2OCH_2CH_3$，アルコール ROH，
アルデヒド RCHO，カルボン酸 RCOOH

芳香族化合物と置換反応

5.1 ● 石炭に含まれる物質の共通構造

石炭を熱分解すると，液体状の物質が複数得られます。炭素原子，水素原子ともに6個持つベンゼン C_6H_6，油性インクの希釈に利用されるトルエン $C_6H_5CH_3$，殺菌作用をもつクレゾール*，フェノール C_6H_5OH などです。

これらには，共通の分子の構造がみられます。それは，6個の炭素原子が正六角形状にならび，二重結合が1つおきにあることです。もっとも簡単な物質が右に示したベンゼン C_6H_6 です。

この炭素の環状構造をベンゼン環（芳香族環）といい，芳香族化合物は，ベンゼンのHが他の原子や原子の集団に置き換わったものになっています。

ベンゼン C_6H_6

CとHを省略して構造式をこのように表わす。

5.2 ● 芳香族化合物

ベンゼン環を持つ化合物は特有の臭い（どちらかというと芳ばしい香り）を持つものが多く，芳香族化合物といわれます。基本的な芳香族化合物を下記に示します。

ベンゼン
C_6H_6

CH_3

トルエン
$C_6H_5CH_3$

OH

フェノール
C_6H_5OH

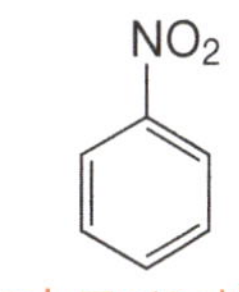

ニトロベンゼン
$C_6H_5NO_2$

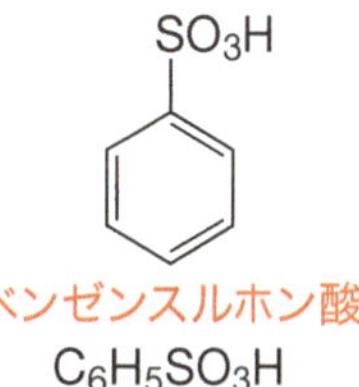

ベンゼンスルホン酸
$C_6H_5SO_3H$

クレゾール*：ベンゼンのHの代わりに CH_3- と $-OH$ が結合した化合物をクレゾールといいます。
2つの基の位置関係の違い（第12講で説明）で3種のクレゾールがあります。

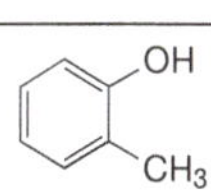

[基礎知識チェック 5-1] 空欄を埋めましょう。

ベンゼン環を持つ化合物を［　　　　］化合物という。

[化学式チェック 5-2]

(A) 次の有機化合物の簡略型構造式を書いてみましょう。

ベンゼン　トルエン　フェノール

ニトロベンゼン　ベンゼンスルホン酸

(B) 次の化合物の名称を入れましょう。

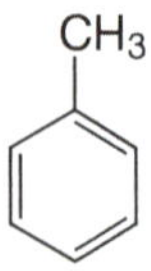

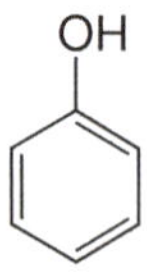

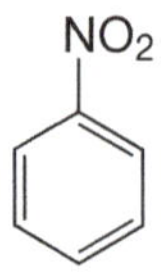

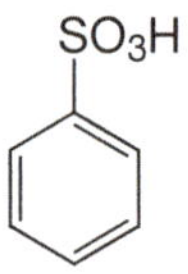

CH_3　OH　NO_2　SO_3H

5.3 ● 芳香族化合物の置換反応

ベンゼン（C_6H_5-H）に NO_2^+ を反応させると，H が NO_2 に置き換わり，ニトロベンゼン $C_6H_5NO_2$ が生成します。

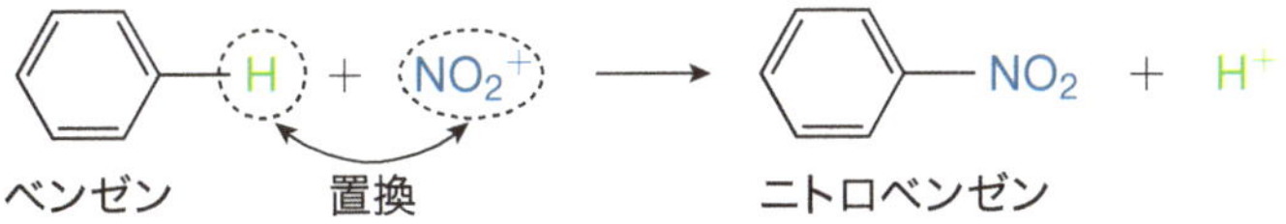

$$C_6H_5-H + NO_2^+ \longrightarrow C_6H_5-NO_2 + H^+$$

この反応は陽イオンがベンゼンに働きかけることにより，ベンゼンの水素と陽イオンが置き換わります。他の陽イオンでも，芳香族化合物の水素が反応します。一般化すると次のように表されます。

ベンゼンの置換反応（陽イオン E^+ の置換）

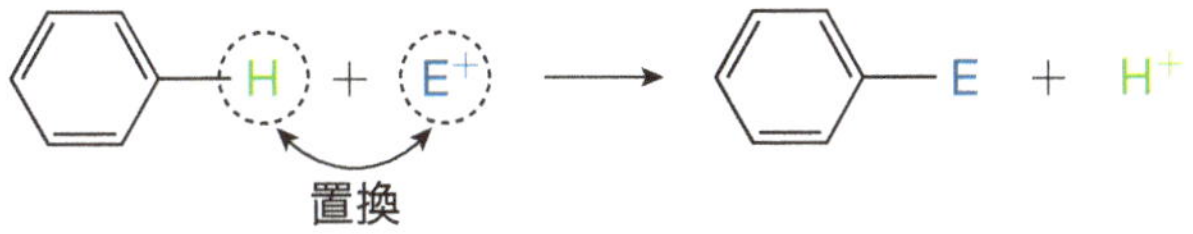

$$C_6H_5-H + E^+ \longrightarrow C_6H_5-E + H^+$$

［基礎知識チェック 5-3］空欄を埋めましょう。

ある原子または原子の集団が他に置き換わる反応を［　　　　］反応という。

［反応式チェック 5-4］空欄に適する簡略型構造式を入れましょう。

ベンゼンのニトロ化

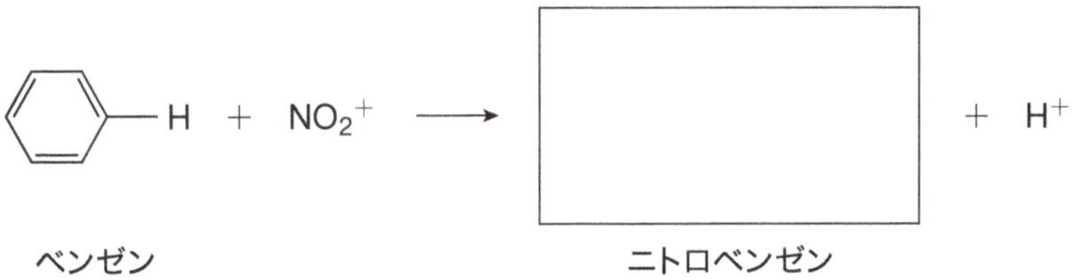

$$C_6H_5-H + NO_2^+ \longrightarrow [\quad\quad] + H^+$$

[第５講のまとめの問題]

（A）　空欄を補充せよ。

① 環をもつ化合物を芳香族化合物という。

（B）　次の物質の簡略型構造式を答えよ。

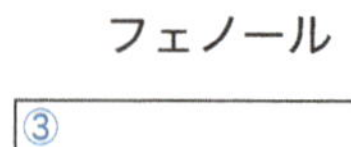

トルエン　　フェノール　　ニトロベンゼン

②

③

④

（C）　空欄に適する構造式を入れよ。

$\mathrm{C_6H_5}$—H ＋ NO_2^+ ⟶ ⑤ ＋ H^+

第５講で学習したこと

1）　ベンゼンは６個の炭素が正六角形状に並び，水素原子が１個ずつ結合している

2）　ベンゼンの構造をベンゼン環（芳香族環）という

3）　ベンゼン環を持つ化合物を芳香族化合物という

4）　ベンゼンの水素は NO_2^+ などの陽イオンと置き換わる置換反応がおこる

重要化合物：ベンゼン C_6H_6，トルエン $C_6H_5CH_3$，フェノール C_6H_5OH，
　ニトロベンゼン $C_6H_5NO_2$

第6講

同じ分子と異なる分子の見分け方（異性体とその見分け方）

この講では，例題を解きながら，分子の見分け方と異性体を学習します。今までの講と少し異なる雰囲気で進めていきましょう。例題の解説を読む時も構造式などを書いていくと理解が早まると思います。

6.1 ● 同じ分子のみつけ方

次に C_4H_{10} の分子の簡略型構造式を 6 つ示します。何種類の物質があると思いますか。

```
① CH3—CH2—CH2—CH3    ② CH3—CH2            ③ CH2—CH3
                              |                |
                              CH2—CH3          CH2—CH3

④ CH3—CH2—CH2         ⑤ CH3                ⑥ CH3—CH2
              |           |                        |
              CH3         CH2—CH2—CH3        CH3—CH2
```

じつは，この 6 つはすべて同じ物質です。炭素原子だけに注目して抜き出して表記すると，下のようになります。

途中で折れ曲がってはいますが，6 つとも，4 個の炭素原子が連続的に結合しているのがわかります。有機化学では，炭素を鎖にたとえるので“直鎖状”に並んでいるといいます。

```
①′ C—C—C—C    ②′ C—C        ③′ C—C
                     |           |
                     C—C         C—C

④′ C—C—C       ⑤′ C          ⑥′ C—C
        |            |              |
        C            C—C—C       C—C
```

［例題 6-1］《A》と同じ物質を，①～⑤の中からすべて選べ。

《A》
$CH_3-CH(CH_3)-CH_3$

① $CH_3-CH_2-CH_2-CH_3$（末端の CH_2 から下に CH_3）

② $CH_3-CH(CH_3)-CH_3$（CH の上に CH_3）

③ $CH_3-CH(CH_3)-CH_3$（CH の上下に CH_3）

④ CH_3-CH_2（下に CH_2-CH_3）

⑤ CH_3（下に $CH_2-CH_2-CH_3$）

【考え方】炭素 C のみを書き出すと，右のようになり，②と③が《A》と同じであることがわかります。

《A》 C—C—C（中央の C の下に C）

① C—C—C（右端の C の下に C）

② C—C—C（中央の C の上に C）

③ C—C（左の C の上下に C）

④ C—C（右の C の下に C—C）

⑤ C（下に C—C—C）

答え②，③　みつけるコツは，炭素原子が何個直鎖状に結合しているかです。

同じ分子のみつけ方のコツ

・直鎖状に結合している炭素原子の数（もっとも長い部位）と枝分かれの位置

注：折れまがってもよいので連続的に長い部位を見つける。

次ページの例題 6-2 は，自分でできるところまで解いてから考え方を読んでください。わかるところまでやるだけやってみることが学力を伸ばすのに重要ですよ。

［例題 6-2］ 次の《A》，《B》はいずれも C_5H_{12} の分子であるが，構造が異なっている。《A》，《B》と同じ物質を，それぞれ①～⑥の中からすべて選べ。

A

$CH_3-CH_2-CH_2-CH_2-CH_3$

B

```
CH3 — CH — CH2 — CH3
      |
      CH3
```

①

```
CH3 — CH2 — CH2
             |
      CH3 — CH2
```

②

```
      CH3   CH3
      |     |
CH3 — CH — CH2
```

③

```
      CH3
      |
CH3 — CH — CH3
      |
      CH3
```

④

```
CH3   CH2 — CH3
|     |
CH2 — CH2
```

⑤

```
                   CH3
                   |
CH3 — CH2 — CH — CH3
```

⑥

```
CH3 — CH2
      |
      CH2 — CH2 — CH3
```

【考え方】 A は，直鎖状に 5 個の炭素原子が結合しています。B は，4 個が直鎖状に結合し，2 番目に枝分かれのように炭素原子が 1 つ結合しています。

A

$CH_3-CH_2-CH_2-CH_2-CH_3$

B

```
CH3 — CH — CH2 — CH3
      |
      CH3
```

①～⑥を点線の四角で囲いましょう。

①

```
C — C — C
        |
    C — C
```

②

```
    C   C
    |   |
C — C — C
```

③

```
    C
    |
C — C — C
    |
    C
```

④

```
C   C — C
|   |
C — C
```

⑤

```
        C
        |
C — C — C — C
```

⑥

```
C — C
    |
    C — C — C
```

①，④，⑥は炭素原子 5 個が直鎖状に，②と⑤は炭素原子 4 個が直鎖状にならび，2 番目炭素原子で枝分かれがあることがわかります。

答え　A：①，④，⑥　　B：②，⑤

6.2 ● 異性体

(1) 異性体とは

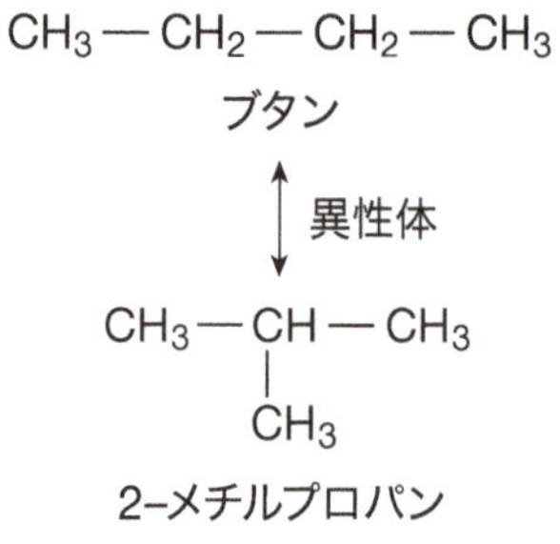

右に示す C_4H_{10} のブタンと 2–メチルプロパンのように，まったく同じ数の原子からできているにもかかわらず，構造が異なる分子が存在することがあります。この異なることを異性といい，互いに異なる分子同士を異性体といいます。この用語は，たとえば，次のように用います。

「2–メチルプロパンは，ブタンの異性体である。」

$CH_3—CH_2—CH_2—CH_3$

ブタン

↕ 異性体

$CH_3—CH(CH_3)—CH_3$

2–メチルプロパン

(2) 2 種類のプロパノール

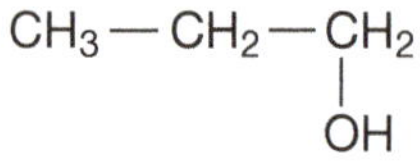

3.1 では，プロパノール C_3H_7OH の構造を右のように示しました。しかし，炭素原子を 3 個含むアルコールは，もう 1 種類存在します。中央（2 番目）の炭素にヒドロキシ基（OH）が結合しているものです。

$CH_3—CH_2—CH_2(OH)$

プロパンの中央の炭素（2 の炭素）に結合する H がヒドロキシ基に置き換わった 2–プロパノールと，端の炭素（1 の炭素）に結合する H がヒドロキシ基に置き換わった 1–プロパノールの 2 種類です。

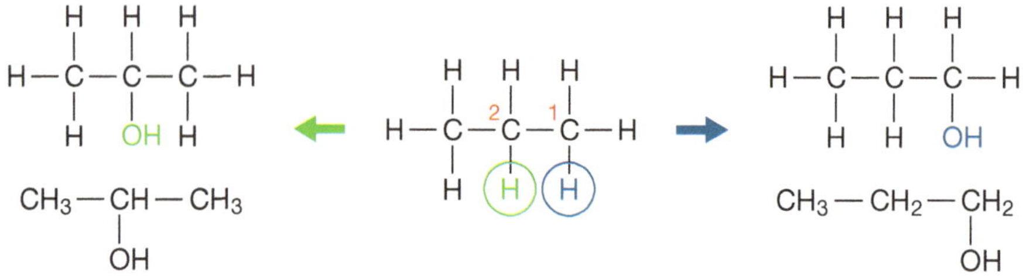

$CH_3—CH(OH)—CH_3$

2–プロパノール

← プロパン →

$CH_3—CH_2—CH_2(OH)$

1–プロパノール

両者の性質は，右の表のようになります。水へは 2 種類とも無限大（∞）溶けて同じですが，沸点や融点が異なっています。なお，臭いも異なります。

このことから，同じ分子式ですが，性質や構造が異なる分子であり，これらが異性体であることがわかります。

	2–プロパノール	1–プロパノール
分子式	C_3H_8O	C_3H_8O
沸点/℃	82℃	97℃
融点/℃	− 88℃	− 126℃
水への溶解度	∞	∞

(3)　ペンタン（C_5H_{12}）の異性体

C_5H_{12} の化学式を持つ炭化水素（右）は，ペンタンといいます。ペンタンには，下に示すように 3 種類の異性体があります。

$CH_3-CH_2-CH_2-CH_2-CH_3$

ペンタン

①

$CH_3-CH_2-CH_2-CH_2-CH_3$

ペンタン

②

$CH_3-CH(CH_3)-CH_2-CH_3$

2–メチルブタン

③

$CH_3-C(CH_3)_2-CH_3$

2,2–ジメチルプロパン

②は，直鎖状に炭素が 4 つ結合しているブタンの 2 番目の炭素に CH_3-（メチル基）が結合しています。名称はブタンに 2–メチルという接頭語をつけて，2–メチルブタンとなります。

③は，プロパンの中央の炭素に，メチル基が 2 個結合しているので，2 つの意味を表すジを付けて，2,2–ジメチルプロパンとなります。2 を 2 回繰り返すのは，メチル基が 2 つとも同じ位置についていることを表しています。

［基礎知識チェック 6-3］空欄を埋めましょう。

同じ分子式だが構造や性質が異なる分子を互いに［　　　　］という。

［化学式チェック 6-4］次の物質の化学式を書いてみましょう。

2,2–ジメチルプロパン	2–メチルブタン	ペンタン

[第 6 講のまとめの問題]

（A）　次の①と②と同じ構造の物質を，㋐～㋕の中からすべて選べ。

①

$$\begin{array}{ccccccccc} CH_3 & - & CH_2 & - & CH & - & CH_2 & - & CH_3 \\ & & & & | & & & & \\ & & & & CH_3 & & & & \end{array}$$

②

$$\begin{array}{ccccccccc} CH_3 & - & CH & - & CH_2 & - & CH_2 & - & CH_3 \\ & & | & & & & & & \\ & & CH_3 & & & & & & \end{array}$$

㋐

$$\begin{array}{ccccccc} CH_3 & - & CH_2 & - & CH_2 & & \\ & & & & | & & \\ & & CH_3 & - & CH & - & CH_3 \end{array}$$

㋑

$$\begin{array}{ccccccc} & & CH_3 & & CH_2 & - & CH_3 \\ & & | & & | & & \\ CH_3 & - & CH & - & CH_2 & & \end{array}$$

㋒

$$\begin{array}{ccccc} CH_3 & - & CH & - & CH_3 \\ & & | & & \\ CH_3 & - & CH & - & CH_3 \end{array}$$

㋓

$$\begin{array}{ccccc} CH_3 & & CH_3 & & CH_3 \\ | & & | & & | \\ CH_2 & - & CH & - & CH_2 \end{array}$$

㋔

$$\begin{array}{ccccccc} & & & & CH_3 & & CH_3 \\ & & & & | & & | \\ CH_3 & - & CH_2 & - & CH & - & CH_2 \end{array}$$

㋕

$$\begin{array}{ccccccc} CH_3 & - & CH & - & CH_3 & & \\ & & | & & & & \\ & & CH_2 & - & CH_2 & - & CH_3 \end{array}$$

（B）　次の③と同じ分子を㋐～㋔の中からすべて選べ。

③

$$\begin{array}{ccccccccc} CH_3 & - & CH & - & CH_2 & - & CH_2 & - & CH_3 \\ & & | & & & & & & \\ & & OH & & & & & & \end{array}$$

㋐

$$\begin{array}{ccccccc} & & CH_3 & - & CH & - & OH \\ & & & & | & & \\ CH_3 & - & CH_2 & - & CH_2 & & \end{array}$$

㋑

$$\begin{array}{ccccccc} & & OH & & CH_2 & - & CH_3 \\ & & | & & | & & \\ CH_3 & - & CH & - & CH_2 & & \end{array}$$

㋒

$$\begin{array}{ccccc} CH_3 & - & CH_2 & & \\ & & | & & \\ & & CH_2 & & \\ & & | & & \\ H_3C & - & CH & - & OH \end{array}$$

㋓

$$\begin{array}{ccccccc} CH_3 & & OH & & & & \\ | & & | & & & & \\ CH_2 & - & CH & - & CH_2 & - & CH_3 \end{array}$$

㋔

$$\begin{array}{ccccccc} & & & & OH & & CH_3 \\ & & & & | & & | \\ CH_3 & - & CH_2 & - & CH & - & CH_2 \end{array}$$

第6講で学習したこと

1）　同じ分子式だが構造が互いに異なるものを異性体という

2）　同じ分子を見つけるコツは，一番長い炭素鎖をみつけ，枝分かれの場所を確認する

第 7 講

第Ⅰ部のまとめ

● 7.1 薬学での有機化学を上手に学ぶコツ

第Ⅰ部でここまでに学習したことは，有機化学を効率的に学ぶ基礎的な考え方や基礎知識を効果的に身につけるための土台作りです。

そのポイントは，まずは有機化合物の分子の見分け方と反応を予想できるようになることです。

そのためには，炭素原子の並び方（炭素骨格という）と，反応に関係する官能基を理解するのが近道なのです。

(1) 炭化水素（炭素骨格）による分類

炭素骨格の基本は，炭化水素の分類から，次の 4 種類に分かれます。

- 炭化水素
  - ベンゼン環なし
    - 二重結合，三重結合なし　CH_3-CH_3
    - 二重結合あり　$CH_2=CH_2$
    - 三重結合あり　$CH\equiv CH$
  - ベンゼン環あり　C_6H_6

炭化水素の H をいろいろな原子や原子の集団（原子団という）すなわち，官能基に置き換えると，種々の有機化合物になります。例えば，エタンは次のように変わります。

・CH_3-CH_3 の H を OH に置き換えると，エタノール CH_3-CH_2-OH

・CH_3-CH_3 の 2 個の H を O に置き換えると，アセトアルデヒド CH_3-CHO

・CH_3-CH_3 の CH_3 を COOH に置き換えると，酢酸 CH_3-COOH

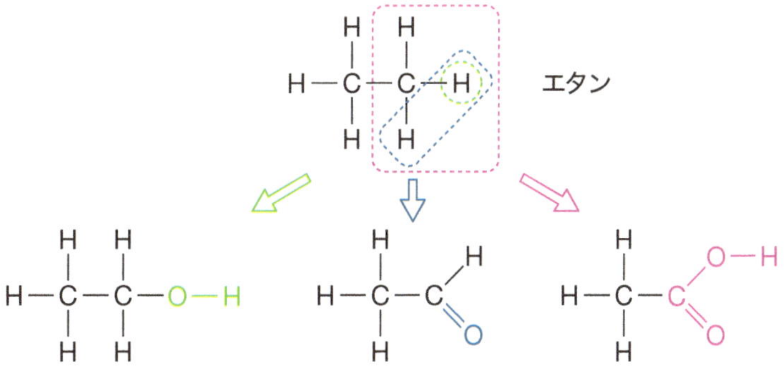

エタン

エタノール　アセトアルデヒド　酢酸

(2)　官能基の分類

第一部で出てきた官能基をまとめましょう。

ここでは，主に，反応の特徴に注目して，官能基をまとめます。

官能基		物質一般名	反応の特徴	例
構造	名称			
−OH	ヒドロキシ基	アルコール フェノール*	酸化される 脱水反応を起こす	C_2H_5OH エタノール
−COOH	カルボキシ基	カルボン酸	脱水反応を起こす 酸性を示す	CH_3COOH 酢酸
−CHO	ホルミル基	アルデヒド	酸化される	CH_3CHO アセトアルデヒド
−COO−	エステル結合	エステル	芳香あり	$CH_3COOC_2H_5$ 酢酸エチル
$-NO_2$	ニトロ基	ニトロ化合物	還元され $-NH_2$ になる	$C_6H_5NO_2$
反応に影響する構造		物質一般名	特　徴	例
構造	名称			
C＝C	二重結合	アルケン	付加反応	C_2H_4　エチレン
C≡C	三重結合	アルキン	付加反応	C_2H_2　アセチレン

エステル結合は，炭素原子と炭素原子に挟まれた構造であるので，基といわずに結合といっています。

二重結合，三重結合は官能基ではありませんが，付加反応など特殊な反応がおこりやすいので，表に加えました。

フェノール*：アルコールと異なる反応をする。

7.2　有機反応の学習のコツ

有機化学では，有機反応を覚えればよいというのは間違いではないのですが，ここで，効率的かつ応用させやすい覚え方の一例を説明します。次の 3 段階です。

ア）　超重要反応の暗記（基本物質の反応）
イ）　反応のしくみの納得（一般式を確認）
ウ）　原子集団の置き換え（炭素数を増やすなども）

まずは，第一部に出てきたうち下の 3 種類の反応を，次ページの第 7 講のまとめの問題（B）も利用して効率的に覚え（思い出せるようにし）ましょう。まず，ア）とイ）を行います（step1）。

step1：ア）の具体例と，イ）の一般式を確認します。ノートなどに書き写してください。
　　　そして，ノートに書いたものを，例えば 3 分ぐらいで覚えてください。

step2：step1 で書いたものを何も見ないで書いてください。

step3：ウ）として，次ページの第 7 講のまとめの問題（B）の反応の生成物を答えます。

では始めましょう

(1)　付加反応…アルケン，アルキンの水素付加

$$\underset{\text{エチレン}}{CH_2{=}CH_2} + H_2 \xrightarrow{(Ni)} \underset{\text{エタン}}{CH_3{-}CH_3}$$

$$\underset{\text{アルケン}}{>C{=}C<} + H{-}H \xrightarrow{(Ni)} \underset{\text{アルカン}}{-\overset{|}{\underset{H}{\underset{|}{C}}}-\overset{|}{\underset{H}{\underset{|}{C}}}-}$$

(2)　酸化反応…アルコール（エタノール）の酸化

$$\underset{\text{エタノール}}{CH_3CH_2OH} \xrightarrow[-2H]{\text{酸化}} \underset{\text{アセトアルデヒド}}{CH_3CHO} \xrightarrow[+O]{\text{酸化}} \underset{\text{酢酸}}{CH_3COOH}$$

$$\underset{\text{アルコール}}{R{-}CH_2OH} \xrightarrow[-2H]{\text{酸化}} \underset{\text{アルデヒド}}{R{-}CHO} \xrightarrow[+O]{\text{酸化}} \underset{\text{カルボン酸}}{R{-}COOH}$$

(3)　脱水縮合反応…カルボン酸とアルコールの脱水縮合反応

$$\underset{\text{酢酸}}{CH_3COOH} + \underset{\text{エタノール}}{CH_3CH_2OH} \longrightarrow \underset{\text{酢酸エチル}}{CH_3COOCH_2CH_3} + H_2O$$

$$\underset{\text{カルボン酸}}{RCOOH} + \underset{\text{アルコール}}{R'OH} \longrightarrow \underset{\text{エステル}}{RCOOR'} + H_2O$$

[第 7 講のまとめの問題]

(A) 空欄に適する官能基の名称と例の物質の示性式を答えよ。

官能基		物質一般名	反応の特徴	例
構造	名称			
$-OH$	① 基	アルコール	酸化される 脱水反応を起こす	② エタノール
$-COOH$	③ 基	カルボン酸	脱水反応を起こす 酸性を示す	④ 酢酸
$-CHO$	⑤ 基	アルデヒド	酸化される	⑥ アセトアルデヒド
$-COO-$	⑦ 結合	エステル	芳香あり	⑧ 酢酸エチル
$-NO_2$	⑨ 基	ニトロ化合物	還元され $-NH_2$ になる	⑩ ニトロベンゼン

(B) 次の反応の生成物の化学式を答えよ。

(1) $CH_2=CH-CH_3 + H_2 \xrightarrow{(Ni)}$ ⑪

(2) $CH_3CH_2CH_2OH \xrightarrow{酸化}$ ⑫ $\xrightarrow{酸化}$ ⑬

(3) $CH_3CH_2COOH + CH_3CH_2OH \longrightarrow$ ⑭ $+ H_2O$

第Ⅱ部

薬学系 有機化学の第一歩

有機化学を考えながら効率的に学ぶ方法

化学反応がおこるには理由がある。
その理由がわかれば，未知なる反応も予想できる。
それを実現する学習法を基礎から学んでいきます。

第8講

有機化学の学習の準備

第Ⅱ部の最初に，有機化学を効率的に学習するために最初に知っておかなければならない用語や考え方を説明します。ひと通り目を通してチェック問題を埋めてから，第9講に進んでください。ただし，第9講以降で用語がわからなくなったら，必ず第8講に戻ってください。

この講で習得してほしいこと

- □ 結合の切断に3種類ある → 基礎知識チェック8-1
- □ σ結合とπ結合がある → 基礎知識チェック8-2
- □ 二重結合，三重結合とσ結合，π結合の関係 → 基礎知識チェック8-2
- □ 分子の形は，原子から出る価標の方向で決まる → 基礎知識チェック8-3

8.1 ● 化学式の種類

「地球の温暖化をおこす物質は何か答えなさい。」というと，二酸化炭素と答えるべきですが，漢字5文字を書くよりCO_2と答えるほうが簡単ですね。あるものを簡単にわかりやすく表すものが記号です。炭素のCや酸素のOは元素記号といいますね。

元素記号を用いて物質を簡単に表す記号が化学式です。化学式は，物質の構造なども表せる優秀な記号です。有機化学でよくでてくる化学式は次の通りです。

	定義・特徴	例（酢酸）
組成式	物質を構成する元素の種類とその比	CH_2O
分子式	物質を構成元素の種類とその数	$C_2H_4O_2$
示性式	官能基など物質の特徴をわかりやすく表したもの	CH_3COOH
構造式	価標をすべて示したもの	H–C(H)(H)–C(=O)–O–H

示性式と簡略型構造式は，反応の説明等の時に一部強調したりするために，不規則になることがあります。

8.2 ● 結合の切断と結合の生成

化学反応は，ある原子の結合する相手が変わることといえます。そのためには，最初に結合している原子と結合が切れて，別の原子との間に新たに結合ができることが必要です。

(1) 結合の切断

結合が切れるとき，結合をつくる 2 個の電子が原子に渡されます。2 個の電子を 2 つの原子で分けるのですから 3 通りしかありません。A：B の結合で考えると，2 個とも A が受け取る場合（①），2 個とも B が受け取る場合（②），1 個ずつ分ける場合（③）です。

有機反応がおこるとき，①〜③の 3 つのどれかでおこるのですが，原子状態になることはとても少ないので，ほとんどの反応で，①か②の陽イオンと陰イオンが生じると思ってください。

下の例で，塩素分子が切断するとき，あまりみない塩素の陽イオンが生じることになります（ただし，触媒が必要）。

例 H－Cl ⟶ H⁺ ＋ ：Cl⁻
Cl－Cl ⟶ Cl⁺ ＋ ：Cl⁻
同じ元素が結合している場合は，一方が陽イオン，他方が陰イオンになるので，塩素分子からは塩素の陽イオンが生じることになる。

(2) 結合の生成

結合ができるのは切断の逆であり，似ています。やはり 3 通りしかありません。

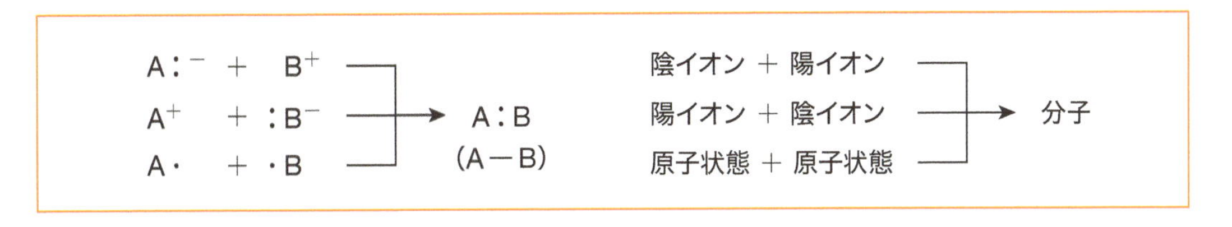

［基礎知識チェック 8-1］A：B 間の結合が切断するとき，3 通りが考えられます。空欄を埋めましょう。

A：B
(A－B)

□	＋	□
□	＋	□
□	＋	□

8.3 ● 結合の分類と方向

(1)　シグマ結合（σ結合）とパイ結合（π結合）

2.2 で，二重結合への水素付加の反応が出てきました。よく考えると，CC 間には，2 つ結合があるのに，1 つの結合でしか付加反応がおこりません。2 つめの結合で付加反応がおこらないのは，2 つの結合に差があるためです。

その差は，付加がおこる結合とおこらない結合で，その特徴（形状）が異なるためです。付加反応が起こらない結合をシグマ結合（σ結合），付加反応がおこりやすい結合をパイ結合（π結合）といいます。

σ結合…付加反応がおこらない結合
π結合…付加反応がおこりやすい結合
（π結合を不飽和結合ともいう）

π結合のほうが反応しやすいのは，結合をつくる 2 個の電子が分子の表面にあり，他の分子等から影響を受けやすいため。

(2)　二重結合・三重結合とσ結合・π結合

原子間の結合の様子を右の表にまとめます。

単結合（一重結合とはいわない）はσ結合でできています。それに，π結合が加わると，二重結合，三重結合になります。すなわち，π結合が 1 つ加わると二重結合，π結合が 2 つ加わると三重結合となります。

単結合	二重結合	三重結合
σ結合　1 π結合　0 結合数　1	σ結合　1 π結合　1 結合数　2	σ結合　1 π結合　2 結合数　3
σ結合 C－C	π結合 C＝C σ結合	π結合 C≡C σ結合　π結合

[基礎知識チェック 8-2] 空欄を埋めましょう。

有機分子の結合には，付加反応がおこらない［　　　］結合と，付加反応がおこりやすい［　　　］結合がある。

単結合には 1 つのσ結合があるが，それにπ結合が 1 つ加わると［　　　］結合になり，π結合が 2 つ加わると［　　　］結合になる。

8.4 ● 結合の方向（分子の形）

有機化合物は，その特徴の 1 つとして，立体的な構造，三次元的な構造をとります。

ここでは，炭素原子が出す価標の方向（結合の角度）に注目します。

結合の角度は，次のように二重結合，三重結合の数で分類するとわかりやすいです。

① 二重結合なし：4 つの価標が立体的な方向である正四面体型

② 二重結合 1 つ：正三角形の重心から 3 つの頂点に価標を伸ばす正三角形型

③ 三重結合 1 つまたは二重結合 2 つ：2 本の価標が対称になる直線型

結合による分類	π結合の数	価標の方向（結合角度）	結合する原子の数	結合の方向	例
① 二重結合なし	0	正四面体型（109.5°）立体的	4	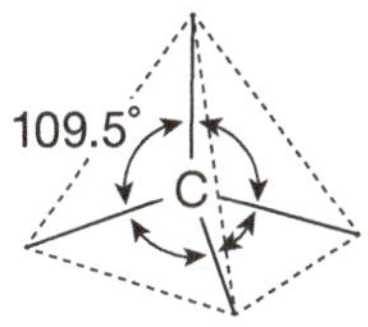 109.5° C	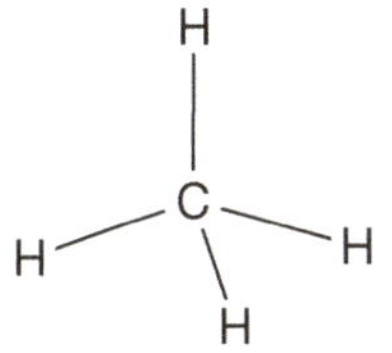 H, C, H, H, H
② 二重結合 1 つ	1	正三角形型（120°）	3	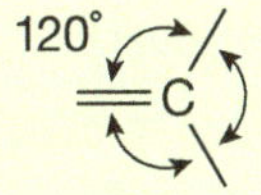 120° ═C	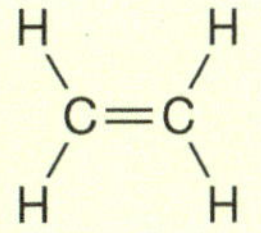 H, H, C═C, H, H
③ 三重結合 1 つ または 二重結合 2 つ	2	直線型（180°）	2	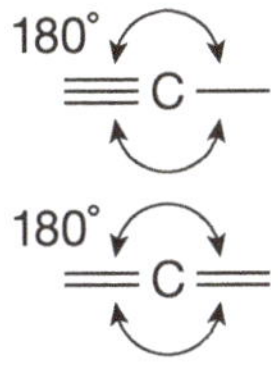 180° ≡C─ 180° ═C═	H─C≡C─H O═C═O

［基礎知識チェック 8-3］空欄を埋めましょう。

分子の形は，二重結合や三重結合の有無で分類する。それらがない場合は立体的な［　　　　］型に，二重結合を 1 つ持つ場合は［　　　　］型に，二重結合を 2 つあるいは三重結合を 1 つ持つ場合は，［　　　　］型になる。

第9講

アルカンと燃焼反応

この講で習得してほしいこと

- □ 直鎖型アルカンの名称と構造 → 化学式チェック 9-1
- □ 沸点・融点の高低と分子間力の関係 → 知識チェック 9-2
- □ 直鎖型と分岐型の違いを把握する → まとめの問題(B), (C)
- □ アルカンの燃焼の反応式が書ける → 反応式チェック 9-3

9.1 ● 炭化水素

炭素と水素からなる有機化合物を炭化水素といいますが，おこる反応の違いでいくつかのグループにわかれます。その時に注目するのは，二重結合，三重結合，ベンゼン環です。これらを持つ・持たないによって，大きく 4 種類に分類できます。

脂肪族炭化水素　（ベンゼン環を持たない炭化水素）
・二重結合，三重結合を持たないもの…アルカン　例：エタン（CH_3-CH_3）
・二重結合を持つもの　…アルケン　例：エチレン（$CH_2=CH_2$）
・三重結合を持つもの　…アルキン　例：アセチレン（$CH\equiv CH$）
芳香族炭化水素　（ベンゼン環を持つ化合物）　第 12 講で解説
・ベンゼン環を持つもの　…芳香族炭化水素　例：トルエン（$C_6H_5-CH_3$）

9.2 ● アルカン (C_nH_{2n+2})

(1)　アルカンの種類

二重結合や三重結合を持たない炭化水素がアルカンです。炭素の数が 6 までの物質を一覧で示します。

アルカンは有機化合物の基本であり，名称やその基本構造は，とても重要です。

すぐにすべてを覚えなくても大丈夫です。講が進むにしたがって，自然と頭に入るはずです。

炭素数	1	2	3	4	5	6	…	n
名　称	メタン	エタン	プロパン	ブタン	ペンタン	ヘキサン	…	アルカン
分子式	CH_4	C_2H_6	C_3H_8	C_4H_{10}	C_5H_{12}	C_6H_{14}	…	C_nH_{2n+2}

次に，アルカンの構造をわかりやすいように直鎖型（炭素が枝分かれなく連続的に結合したもの）だけを示します。

炭素数	名称	構造式	簡略型の構造式	分子式
1	メタン	$H-\overset{H}{\underset{H}{C}}-H$	CH_4	CH_4
2	エタン	$H-\overset{H}{\underset{H}{C}}-\overset{H}{\underset{H}{C}}-H$	CH_3-CH_3 C−C	(　　　)
3	プロパン	$H-\overset{H}{\underset{H}{C}}-\overset{H}{\underset{H}{C}}-\overset{H}{\underset{H}{C}}-H$	$CH_3-CH_2-CH_3$ C−C−C	(　　　)
4	ブタン	$H-\overset{H}{\underset{H}{C}}-\left[\overset{H}{\underset{H}{C}}\right]_2-\overset{H}{\underset{H}{C}}-H$	$CH_3-CH_2-CH_2-CH_3$ C−C−C−C	(　　　)
5	ペンタン	$H-\overset{H}{\underset{H}{C}}-\left[\overset{H}{\underset{H}{C}}\right]_3-\overset{H}{\underset{H}{C}}-H$	$CH_3-CH_2-CH_2-CH_2-CH_3$ C−C−C−C−C	(　　　)
6	ヘキサン	$H-\overset{H}{\underset{H}{C}}-\left[\overset{H}{\underset{H}{C}}\right]_4-\overset{H}{\underset{H}{C}}-H$	$CH_3-CH_2-CH_2-CH_2-CH_2-CH_3$ C−C−C−C−C−C	(　　　)
…	…			…
n	アルカン	$H-\overset{H}{\underset{H}{C}}-\left[\overset{H}{\underset{H}{C}}\right]_{n-2}-\overset{H}{\underset{H}{C}}-H$	$CH_3-(-CH_2-)_{n-2}-CH_3$	C_nH_{2n+2}

（分子式は前ページの表を参照して自分で書き込んでください）

［化学式チェック 9-1］次のアルカンの名称を答えましょう。

CH_4	C_2H_6	C_3H_8	C_4H_{10}	C_5H_{12}	C_6H_{14}

C_nH_{2n+2} などに出てくる n は，分子内の炭素原子を表します。

飽和炭素水素など「飽和」は，これ以上水素が付加できないという意味。

(2)　直鎖型と分岐型のアルカン

ブタン C_4H_{10} と炭素も水素も同じ数ですが，枝分かれしている構造の 2–メチルプロパンがあります。また，ペンタン C_5H_{12} にも，2 種類の枝分かれ型があります。

C_4H_{10}

$CH_3-CH_2-CH_2-CH_3$

ブタン

$CH_3-CH(CH_3)-CH_3$

2–メチルプロパン

C_5H_{12}

$CH_3-CH_2-CH_2-CH_2-CH_3$

ペンタン

$CH_3-CH(CH_3)-CH_2-CH_3$

2–メチルブタン

$CH_3-C(CH_3)_2-CH_3$

2,2–ジメチルプロパン

それぞれ，炭素原子のみで表すと次のようになります。

C—C—C—C　｜　C—C—C—C—C

C—C(—C)—C　｜　C—C(—C)—C—C　　C—C(—C)(—C)—C

上段の 2 つのように炭素が枝割れなく連続的に結合している炭素鎖を直鎖型，下段の 3 つのように枝分かれがあるものを分岐型（枝分かれ型）といいます。枝分かれのないもっとも長い炭素鎖を主鎖といい，分岐の部分を側鎖といいます。

(3)　アルカンの状態と融点，沸点，分子間力

家庭で利用している都市ガス，灯油，ろうそくのろうは，アルカンが主成分ですが，それぞれ，常温で気体，液体，固体の状態で利用されています。アルカンを状態で分類すると次のようになります。

炭素数	状態	用途	沸点／融点の目安	分子間力
1 〜 4 CH_4 〜 C_4H_{10}	気体	都市ガス 燃料ガス	沸点 25 度以下	小
5 〜 18 C_5H_{12} 〜 $C_{18}H_{38}$	液体	灯油・ガソリン ジェット燃料	沸点 25 度以上 融点が 25 度以下	∧
20 〜 $C_{20}H_{42}$ 〜	固体	ろうそく ろう	融点が 25 度以上	大

前ページの表をみると，「炭素数少ない（分子量小さい）≒ 気体になりやすい ≒ 沸点（融点）低い」という傾向がみられます。これは，次のように考えるとわかりやすいです。

(1) 炭素数が少ない小さな分子ほど，分子同士の引力が小さい。
(2) 分子同士の引力が小さいほど，バラバラになりやすい（分かれやすい）。
(3) バラバラになりやすいとは，固体から液体へ，液体から気体へと変化しやすいこと。
(4) 気体になりやすいほど沸点が低い。（より少ないエネルギーで分かれる）

よって，炭素数が少ない小さな分子ほど，沸点（融点）が低くなります。

沸点が低いということを，面倒であっても (1)〜(4) のような流れで考えられるようになることが，大学での効率的な学習へとつながります。ひとつひとつのことは，納得できますよね。一見面倒くさそうなことの積み重ねが，よい方向に導いてくれます。

丸暗記するのが楽（簡単）かもしれませんが，専門科目の学習では，丸暗記的な対応をしていると，対応しきれないことがたくさん出てくるのでおすすめできません。

もうひとつ，イメージとしてつかんでもらいたいことが，「物質の温度上昇 ≒ 物質の持っているエネルギー上昇」です。

温度が上がるのは，熱エネルギーを加えるからです。物質側の立場だと，炎などから熱エネルギーをもらうから，温度が上がるわけです。

分子同士の引力が小さいと，少しのエネルギーでバラバラになれます。すなわち分子同士の引力が小さい小さな分子のほうが，気体になりやすいのです。

小さい分子でも気体になりにくいものは，通常の分子同士の引力にさらに何かしらの力が加わっているから，気体になりにくいのです。たとえば，水はとても小さい分子なのに 100℃まで気体にならないのは，水素結合という通常の分子間力とは異なったやや強い力が働いているためです。

[基礎知識チェック 9-2] 〈 〉の中の正しい用語を選びましょう。

炭素数が少ない小さな分子ほど，分子間力が〈小さ・大き〉くなり，気体になり〈やす・にく〉くなる。また，小さな分子ほど，沸点は〈高・低〉い。

9.3 ● アルカンの反応

(1)　燃焼反応

アルカンに限らず，有機化合物は燃焼しやすい性質をもつ物質です。

有機化合物は，C（炭素），H（水素），O（酸素）がおもな構成元素なので，燃焼すると二酸化炭素と水が生じます。これを化学式で示すと次のようになります。

有機化合物（C，H，O）＋ 酸素（O_2）$\longrightarrow$ 二酸化炭素（CO_2）＋ 水（H_2O）

エタンとプロパンの燃焼の反応式を示します。

$$2C_2H_6 + 7O_2 \longrightarrow 4CO_2 + 6H_2O$$

$$C_3H_8 + 5O_2 \longrightarrow 3CO_2 + 4H_2O$$

(2)　ラジカル*置換反応

アルカンは，燃焼反応以外の反応がおこりにくい物質ですが，特異的な条件でおこる反応があります。

たとえば，塩素 Cl_2 に紫外線などの光を照射するか加熱すると，原子状態の塩素が生じます。

$$Cl_2 \xrightarrow{h\nu} 2Cl\cdot$$

原子状態というのは大変反応しやすく（不安定），すぐに周りの分子などと反応します。メタン CH_4 と塩素 Cl_2 が存在するところに紫外線を照射すると，メタンの H をどんどん Cl に置き換え，すべてが Cl になったテトラクロロメタン（四塩化炭素）CCl_4 が生成します。

$$CH_4 + 4Cl_2 \xrightarrow{h\nu} CCl_4 + 4HCl$$

［反応式チェック 9-3］プロパン C_3H_8 の燃焼の反応式を完成させましょう。

C_3H_8 ＋ □ O_2 $\longrightarrow$ □ CO_2 ＋ □ H_2O

ラジカル*：原子状態になると早く分子状態に戻りたく（原子の周りの電子を 8 個にしたく）たいへん反応しやすくなります。とても反応しやすい原子状態をラジカルといいます。たとえば，$CH_3\cdot$ のような分子内のある原子が電子を 1 個だけ失った原子状態のものもいいます。

[第 9 講のまとめの問題]

(A) 次の化合物の分子式または，名称を答えなさい。

化学式	①	②	C_5H_{12}	③	C_nH_{2n+2}
名　称	プロパン	ブタン	④	ヘキサン	⑤

(B) C_5H_{12} で表される分子は３種類ある。簡略型の構造式で答えなさい。

⑥　⑦　⑧

(C) 空欄を埋めよ。

・炭素が枝分かれなく結合している炭素鎖を ⑨ 型，枝分かれがあるものを ⑩ 型という。

・同じ種類（アルカン同士）では，炭素数が少ない方が分子間力が ⑪ い。また，炭素数が少ない方が沸点（融点）が ⑫ く，気体になり ⑬ い。

(D) 次の化学反応式を完成させなさい。

C_3H_8 ＋ ⑭ ⟶ ⑮ ＋ ⑯

C_5H_{12} ＋ ⑰ ⟶ ⑱ ＋ ⑲

第 10 講

アルケン・アルキンと付加反応

この講で習得してほしいこと

- □ おもなアルケン・アルキンの名称と構造 → 化学式チェック 10-1，10-3
- □ シス・トランス異性体の確認 → 化学式チェック 10-1
- □ アルケン，アルキンへの付加反応の種類を学習する → 反応式チェック 10-2，10-4

10.1 ● アルケン (C_nH_{2n})

(1) アルケンとその名称

炭素数が 2 ～ 6 の二重結合を持つアルケンの例を示します。

$CH_2=CH_2$
エチレン（エテン）(C_2H_4)

$CH_2=CH-CH_3$
プロペン（C_3H_6）

$CH_2=CH-CH_2-CH_3$
ブテン（C_4H_8）

$CH_2=CH-CH_2-CH_2-CH_3$
ペンテン（C_5H_{10}）

$CH_2=CH-CH_2-CH_2-CH_2-CH_3$
ヘキセン（C_6H_{12}）

アルケンの名前のつけかたを簡単にいうと，アルカンの最後の母音のアを，エに変えます。すなわち，エタン→エテン，プロパン→プロペン，ブタン→ブテンとなります。同様に，ペンタン→ペンテン，ヘキサン→ヘキセンとなります。

エテンは，エチレンという慣用名（ニックネーム）も利用してよいことになっています。

(2) ブテン C_4H_8 のいろいろ

ここで（C_4H_8）について，もう少し詳しく学習します。ブテンにもう 1 種類あるのですが，気づきますか。二重結合の位置が異なるものです。

$CH_2=CH-CH_2-CH_3$（$C=C-C-C$）
1–ブテン

$CH_3-CH=CH-CH_3$（$C-C=C-C$）
2–ブテン

これらの名称は，二重結合の位置を数字で表し，左側を 1–ブテン，右側を 2–ブテンといいます。これらは同じ分子式で表されますが互いに異なる物質である異性体です。じつは，2–ブテンはさらに 2 種類あります。

二重結合を1つ持つ炭素原子は，120°の方向に3つの原子と結合します（価標を出します）。すると，両端のCH_3（メチル基）が同じ側に存在するものと，反対側に存在するものが存在することになります。

CH_3 CH_3 / C=C / H H
シス–2–ブテン

CH_3 H / C=C / H CH_3
トランス–2–ブテン

同じ原子集団が同じ側にあるものをシス型，逆側にあるものをトランス型といいます。名称で区別するときは，2– の前に，シス–，あるいはトランス– と加えます。これらは異性体であり，この異性の種類をシス–トランス異性あるいは幾何異性といいます。

シス–トランス異性（幾何異性）

二重結合に異なった基が結合する場合，主となる基（Y）の結合する位置が異なる異性

同じ側
シス（*cis*）型　Y Y / C=C / H H

反対側
トランス（*trans*）型　Y H / C=C / H Y

これで，ブテンには，3種類あることがわかりましたね。
じつは，C_4H_8 で表されるアルケンがもう一種類あります。
右に示した枝分かれ（側鎖）を持つ2–メチルプロペンです。

H CH_3 / C=C / H CH_3
2–メチルプロペン

すなわち，C_4H_8 で表されるアルケンの異性体は，次の4種類となります。

H H / C=C / H CH_2—CH_3
CH_2═CH—CH_2—CH_3

CH_3 CH_3 / C=C / H H　　CH_3 H / C=C / H CH_3
CH_3—CH═CH—CH_2

H CH_3 / C=C / H CH_3
CH_2═C—CH_3（C に CH_3）

（3）　炭化水素の異性体のみつけかた

C_4H_8 で表されるアルケンは，全部で4種類ありました。「C_4H_8 で表されるアルケンは4種類の異性体がある」とよくいいます。今後，何種類の異性体があるかを質問されることが増えてきます。そこで，異性体の見つけ方の基本をまとめます。

アルケンの異性体の見つけ方

① 炭素鎖の種類を考える（直鎖型や枝分かれの種類など）
② ①のそれぞれについて二重結合の位置を考える
③ シス–トランスの異性体を考える

［化学式チェック 10.1］次のアルケンを化学式で表しましょう。

1-ブテン	2-メチルプロペン	1-ペンテン
シス-2-ブテン	トランス-2-ブテン	1-ヘキセン

10.2 ● アルケンの付加反応

（1）　アルケンへの付加反応の種類

アルケンの二重結合に付加できる物質が何種類かあります。

A　水素の付加

エチレン C_2H_4 に白金などの金属があると，水素 H_2 が付加しエタン C_2H_6 が生成します。

$$CH_2{=}CH_2 + H_2 \xrightarrow{(Pt)} CH_3{-}CH_3$$

エタン

$$H_2C{=}CH_2 + H{-}H \xrightarrow{(Pt)} H{-}\underset{H}{\overset{H}{C}}{-}\underset{H}{\overset{H}{C}}{-}H$$

B　ハロゲン分子（臭素 Br_2 など）の付加

エチレンに臭素 Br_2 が付加すると，ジブロモエタン $C_2H_4Br_2$ ができます。臭素のことをブロモといい，2 つ結合するのでジも付け加えています。

$$CH_2{=}CH_2 + Br_2 \longrightarrow CH_2Br{-}CH_2Br$$

1,2-ジブロモエタン

1,2- の数字は，1 番目と 2 番目の炭素にブロモが結合しているという意味。

$$H_2C{=}CH_2 + Br{-}Br \longrightarrow H{-}\underset{Br}{\overset{H}{C}}{-}\underset{Br}{\overset{H}{C}}{-}H$$

C　ハロゲン化水素（臭化水素 HBr など）の付加

エチレンに臭化水素 HBr が付加すると，ブロモエタン C_2H_5Br ができます。

$$CH_2{=}CH_2 + HBr \longrightarrow CH_3{-}CH_2Br$$

ブロモエタン
（CH_3CH_2Br）

$$H_2C{=}CH_2 + H{-}Br \longrightarrow H{-}\underset{H}{\overset{H}{C}}{-}\underset{Br}{\overset{H}{C}}{-}H$$

D　水の付加

リン酸などの触媒があると，エチレンに水 H_2O が付加します。すると，エタノールができます。

$$CH_2{=}CH_2 + H_2O \xrightarrow{(H^+)} CH_3{-}CH_2OH$$

エタノール
（CH_3CH_2OH）

$$H_2C{=}CH_2 + H{-}OH \xrightarrow{(H^+)} H{-}\underset{H}{\overset{H}{C}}{-}\underset{OH}{\overset{H}{C}}{-}H$$

ここに示した 4 つの反応は，すべて，結合する分子が 2 つに分かれます。一般式としてまとめると，次のようになります。

アルケンの付加反応の基本

$$>C{=}C< + Y{-}Z \longrightarrow -\underset{Y}{\overset{|}{C}}-\underset{Z}{\overset{|}{C}}-$$

［反応式チェック 10-2］空欄に生成物の化学式を入れましょう。

(1)　$CH_2{=}CH_2 + HBr \longrightarrow$ □

(2)　$CH_2{=}CH_2 + H_2O \xrightarrow{(H^+)}$ □

(3)　$CH_2{=}CH_2 + H_2 \xrightarrow{(Ni)}$ □

(4)　$CH_2{=}CH_2 + Br_2 \longrightarrow$ □

10.3 ● アルキン (C_nH_{2n-2})

炭素数が 2 ～ 4 の三重結合をもつアルキンの例を示します。

$CH \equiv CH$	$CH \equiv C - CH_3$	$CH \equiv C - CH_2 - CH_3$	$CH_3 - C \equiv C - CH_3$
アセチレン（エチン）(C_2H_2)	プロピン（C_3H_4）	1–ブチン（C_4H_6）	2–ブチン（C_4H_6）

アルキンの名称のつけ方は，アルカンの最後の母音のアを，イに変えます。すなわち，エタン→エチン，プロパン→プロピン，ブタン→ブチンとなります。

ブチンには三重結合の位置が異なる異性体があり，1 番目に三重結合があるものが 1–ブチン，中央（2 番目）に三重結合があるものを 2–ブチンといいます（上記参照）。

また，炭素数が 4 の側鎖型の構造では，三重結合をもつ分子はできません。というのは，右に示すように，中央の炭素原子の価標が 5 本になってしまうからです。

$$C \equiv C - C, \ \ | \ C$$

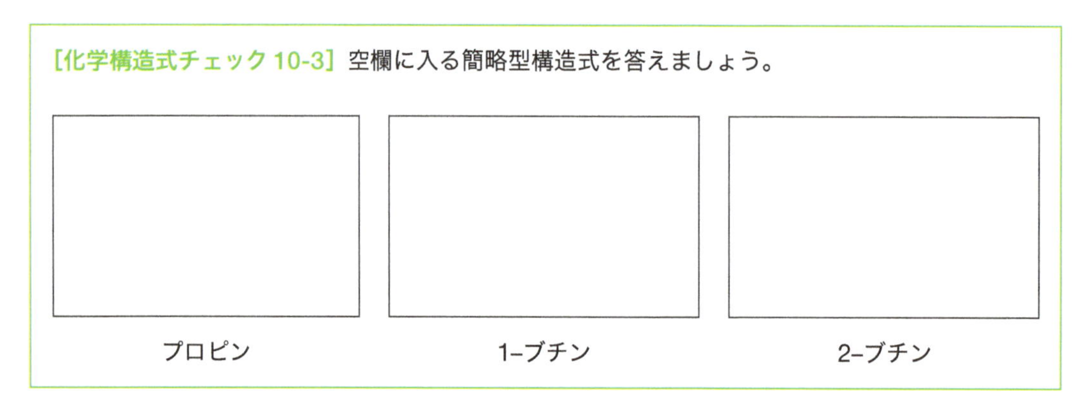

10.4 ● アルキンの付加反応

アルキンもアルケンと同様に 4 種類の付加反応がおこります。アセチレンを例として表します。

(1) 水素の付加*

$$CH \equiv CH + H_2 \xrightarrow{(Pt)} CH_2 = CH_2$$

エチレン

$$H - C \equiv C - H \ (+ \ H - H) \xrightarrow{(Pt)} (H)(H)C = C(H)(H)$$

(2) ハロゲン分子の付加

$$CH \equiv CH + Br_2 \longrightarrow CHBr = CHBr$$

1,2–ジブロモエテン*

$$H - C \equiv C - H \ (+ \ Br - Br) \longrightarrow (H)(Br)C = C(Br^*)(H)$$

*専門的には，触媒は Ni ではなく Pt などがより利用されます。
*ハロゲンが付加する場合はトランス型が生じます。

(3) ハロゲン化水素の付加

$CH \equiv CH + HBr \longrightarrow CH_2 = CHBr$
ブロモエテン
（臭化ビニル）

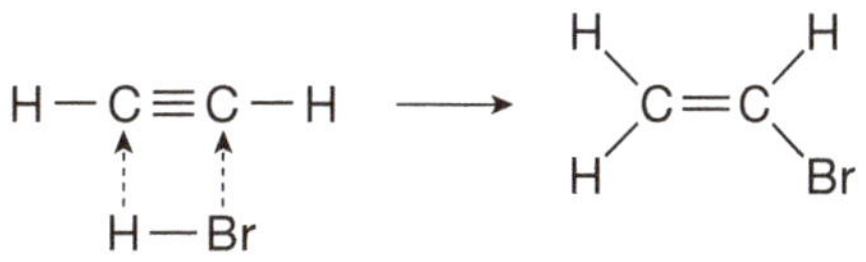

$H-C \equiv C-H$ + $H-Br$ → $H_2C=CHBr$

(4) 水の付加

$CH \equiv CH + H_2O \xrightarrow{(HgSO_4)} (CH_2 = CHOH) \longrightarrow CH_3CHO$
ビニルアルコール

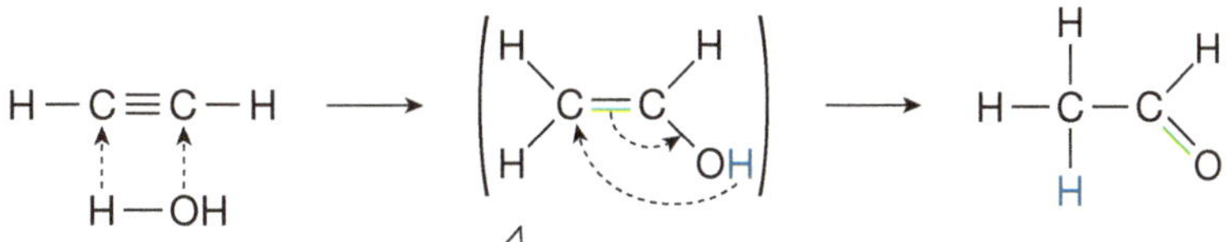

$H-C \equiv C-H$ + $H-OH$ → $[H_2C=CH-OH]$ → H_3C-CHO

（$CH_2 = CHOH$ ビニルアルコール）は不安定であり，π結合（緑色）が移動して，アセトアルデヒドに変化しやすい。

アルキンへの付加を一般式で表すと次のようになります。

アルキンの付加反応の基本

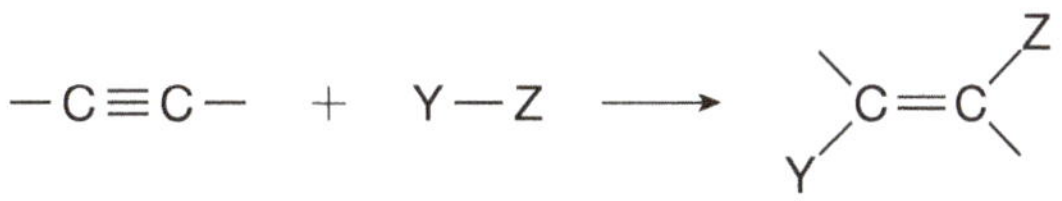

$-C \equiv C- + Y-Z \longrightarrow$ (Y)C=C(Z)

[反応式チェック 10-4] 次の 2 つの反応の生成物を簡略型構造式で答えましょう。

(A) $CH \equiv CH + HBr \longrightarrow$ □

(B) $CH \equiv CH + Br_2 \longrightarrow$ □

第 10 講のまとめの問題は，第 11 講でまとめます。

第 11 講

付加反応のおこり方

この講で習得してほしいこと

- □ 白金などの金属触媒があると水素が付加する → 基礎知識チェック 11-1
- □ 求電子付加反応は，水素以外の分子の付加でおこる → 基礎知識チェック 11-1
- □ 求電子付加反応は，陽イオンが π 結合に近づいておこる → 基礎知識チェック 11-1

11.1 ● 付加反応のしくみ

(1) 2 種類の付加反応

有機反応を覚えるとき，一度だけでよいので反応のしくみを納得すると，覚えやすく（思い出しやすく）なります。

有機反応の 9 割以上において，電気的なプラスの部分とマイナスの部分が引き合う（結びつく）ようにして反応がおこります。付加反応は，電気的な引き合いに関係なくおこる反応と，電気的な引き合いでおこる反応の 2 種類があります。

(2) 電気的な引き合いに関係ない付加反応　水素付加反応

白金などの金属触媒が必要となる水素付加は，電気的な引き合いに関係なくおこります。メカニズムを簡単に説明すると，金属の表面の自由電子に，H_2 と π 結合（不飽和結合）が付着して，両者の結合が分かれやすく（切れやすく）なります。その結果，水素分子の H とエチレンなどのアルケンの C が結合しやすくなります。

白金が，下の図の赤色の結合を切れやすくしていると考えてください。

$$CH_2{=}CH_2 + H_2 \xrightarrow{\text{(Pt)}} CH_3{-}CH_3$$

$$H_2C{=}CH_2 \;(+\; H{-}H) \xrightarrow{\text{(Pt)}} H{-}CH_2{-}CH_2{-}H$$

この反応は，丸暗記的に覚えてもらうほうが結果的に早く覚えられることになると思います。

アルケン（π 結合）の水素付加

白金などの金属触媒が必要。電気的な引き合いは関係ない。

(3)　プラスとマイナスが引き合う付加反応　求電子付加反応

水素以外のアルケンへの付加は，基本的に電気的な引き合いでおこります。エチレンへの臭化水素HBrの付加がわかりやすいので，説明します。

HBrは，H^+ と Br^- に分かれて，次のようにおこります。

$$CH_2=CH_2 + HBr \xrightarrow{①} CH_3-CH_2^+ + Br^- \xrightarrow{②} CH_3-CH_2-Br$$

アルケンのHBr付加のしくみ

①の段階：二重結合のπ結合が臭化水素HBrに働きかけ，水素を陽イオンにしてエチレンに結合し，陽イオン（$CH_3-CH_2^+$）が生じます

②の段階：残っていたマイナスの臭化物イオン（Br^-）が陽イオンに結合します。

詳しく描いてみると，次のようになります。

H　H
C=C
H　H
H—Br
→ HBrが切断 →
H　H
C=C
H　H
H^+ : Br^-
→ H^+が結合 →
H　H
H—C—C—H
H　+
: Br^-
→ Br^-が結合 →
H　H
H—C—C—H
H　Br

①　②

この反応は，陽イオンがマイナスの電気を持ったπ結合に引き寄せられて付加反応がおこるので，求電子付加反応といいます。

求電子付加反応

陽イオンまたは分子のプラスの部分が，陰イオンまたは分子のマイナスの部分に引き寄せられる（攻撃する）ことがきっかけでおこる付加反応

もう1つ例を挙げましょう。臭素分子 Br_2 のときもHBrと同様に，陽イオンと陰イオンに分かれて反応します。

H　H
C=C
H　H
Br—Br
→
H　H
C=C
H　H
Br^+ : Br^-
→
H　H
H—C—C—H
Br　+
: Br^-
→
H　H
H—C—C—H
Br　Br

①　②

11.2 ● アルキンの求電子付加反応

アルキンもπ結合があるので，アルケンと同じ仕組みで付加反応がおこります。念のため，HBrの求電子付加反応のしくみも簡単に説明します。

$$CH\equiv CH + HBr \xrightarrow{①} CH_2=CH^+ + Br^- \xrightarrow{②} CH_2=CHBr$$

HBrのH^+がアセチレンに結合し，陽イオンが生じます（①）。そこに，Br^-が結合してブロモエテン（②）が生じます。アルケンの場合と同じですね。反応後もπ結合がありますので，HBrが残っていれば，もう一度付加反応がおこります。

[基礎知識チェック 11-1] 空欄を埋めましょう。

金属触媒が必要となる［　　　　］付加は，電気的な引き合いに関係なくおこる。

陽イオンなどプラスの電気をもった部分が，マイナスの部分にひき寄せられておこる付加反応を，［　　　　］付加反応という。

[反応式チェック 11-2] 空欄に入る中間体または生成物の化学式を答えましょう。

(A)　エチレンに臭化水素が付加するときの反応を2段階に分けて示す。

$$CH_2=CH_2 + HBr \longrightarrow [\quad\quad] + Br^- \longrightarrow [\quad\quad]$$

(B)　アセチレンに臭化水素が付加するときの反応を2段階に分けて示す。

$$CH\equiv CH + HBr \longrightarrow [\quad\quad] + Br^- \longrightarrow [\quad\quad]$$

[第 10 講・11 講のまとめの問題] 次の反応の生成物を化学式で答えよ。

$CH_2=CH_2$ ＋ HBr ⟶ ①

$CH\equiv CH$ ＋ HBr ⟶ ②

$CH\equiv CH$ ＋ HCl ⟶ ③

$CH_2=CH_2$ ＋ H_2O ⟶ ④

$CH_2=CH_2$ ＋ HCN ⟶ ⑤

$CH_2=CH_2$ ＋ Cl_2 ⟶ ⑥

$CH_2=CH_2$ ＋ Br_2 ⟶ ⑦

$CH_2=CH-CH_3$ ＋ Br_2 ⟶ ⑧

$CH\equiv C-CH_3$ ＋ Br_2 ⟶ ⑨

第 12 講

芳香族炭化水素と求電子置換反応

この講で習得してほしいこと

- □ 主な芳香族炭化水素の名称と構造，及び二置換体の位置異性を判別
  → 基礎知識チェック 12-1，化学式チェック 12-2
- □ ベンゼン環の置換反応は求電子置換である → 基礎知識チェック 12-3
- □ ベンゼンの求電子置換反応の例を示す → 反応式チェック 12-4

12.1 ● 芳香族炭化水素と置換反応

炭素原子 6 個からなるベンゼン環（芳香族環）を持つ炭化水素が芳香族炭化水素です。

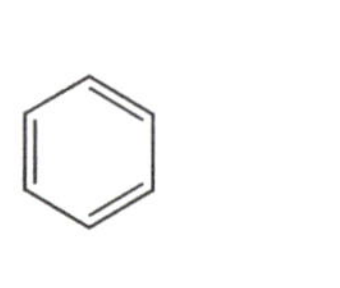

ベンゼン C_6H_6

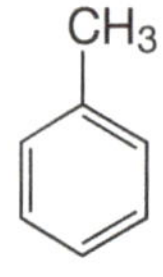

トルエン $C_6H_5CH_3$

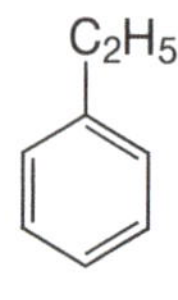

エチルベンゼン $C_6H_5C_2H_5$

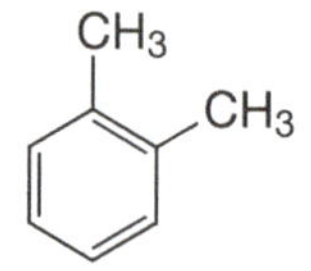

o–キシレン

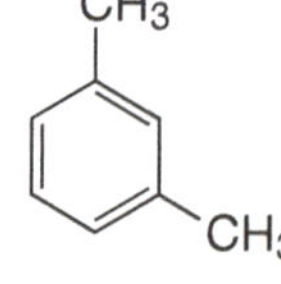

m–キシレン $C_6H_4(CH_3)_2$

CH_3 / CH_3

p–キシレン

左から 4 ～ 6 番目の物質はベンゼンの 2 個の H がメチル基 CH_3 に置き換わったキシレンという物質です。ベンゼンの二つの H が他の原子団になっているもので，一般に二置換体といいます。

ベンゼンの二置換体には，キシレンでも表しているように結合しているものの位置関係によって 3 種類の異性体が存在します。

置換されている 2 つが隣にあるものをオルト体（*o*–），1 個空いているとメタ体（*m*–），対称の位置だとパラ体（*p*–）といいます。上のキシレンにも，*o*–キシレン，*m*–キシレン，*p*– キシレンと記してあります。

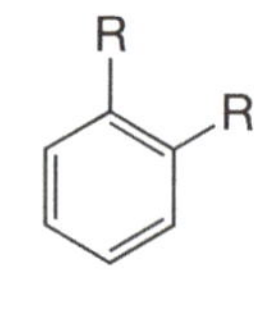

オルト体（型）

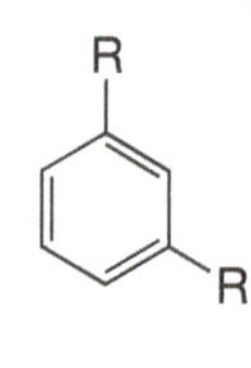

メタ体（型）

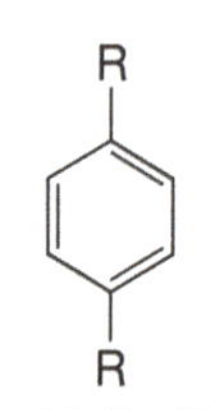

パラ体（型）

「オルト–」などカタカナでもかまいません

[基礎知識チェック 12-1] 空欄を埋めましょう。

ベンゼンの二置換体には，3種類の異性体がある。置換されているものが隣にあると ＿＿＿＿ 型，1個空いていると ＿＿＿＿ 型，対称の位置だと ＿＿＿＿ 型となり，それぞれ，*o*–，*m*–，*p*– を化合物名の前に付ける（例：*o*–キシレン）。

[化学式チェック 12-2] 次の化合物の化学式を答えましょう。

トルエン	*o*–キシレン	*m*–キシレン	*p*–キシレン	エチルベンゼン

12.2 ● 芳香族の求電子置換反応

(1) ベンゼンのニトロ化

ベンゼンに濃硝酸と濃硫酸を混合した混酸を作用させるとニトロベンゼンができます。

$$C_6H_6 + HNO_3 \longrightarrow C_6H_5NO_2 + H_2O$$

ニトロベンゼン

ニトロベンゼンの生成反応を詳しくみると，次のようになります。プラスとマイナスに注目してください。

$$HNO_3 + H_2SO_4 \longrightarrow NO_2^+ + H_2O + HSO_3^-$$

$$C_6H_6 + NO_2^+ \longrightarrow C_6H_5NO_2 + H^+$$

1段階目の反応は NO_2^+ をつくる反応で，2段階目に陽イオンの NO_2^+ がベンゼン環に攻撃して反応します。

ベンゼン　H + NO_2^+ → ニトロベンゼン NO_2 + H^+（置換）

このように，陽イオンがマイナスの部分（電子）に近づき，他の原子または原子団に置き換わる反応を，求電子置換反応といいます。

(2) 求電子置換反応のしくみ

この反応を少し詳しく説明します。すべてのしくみを完璧に理解する必要ありませんが，電子（価標）の流れに注目して，反応を追っていったときに納得できるようにしてください。納得できること自体が，長期記憶につながりやすいからです。

STEP 1　NO_2^+ へ，ベンゼン環の π 結合の電子（赤色）が働きかけます。

STEP 2　次に NO_2 が結合した C とそれに結合した H との間の結合の電子（緑色）が元のベンゼン環に移動して π 結合が生じます。同時に，H は電子を失い陽イオンになって取れます。

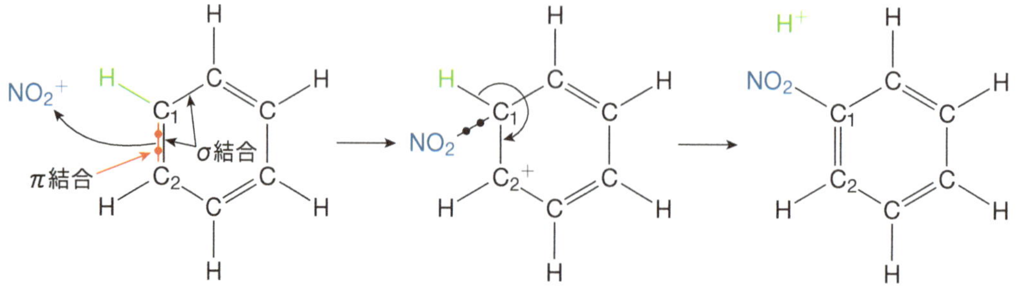

これが，陽イオンが近づいて，他の陽イオンが取れる求電子置換反応のしくみです。なお，ベンゼン環に近づく陽イオンは，求電子反応をひきおこすので，求電子試薬（E^+）といわれます。求電子置換反応を一般式で表すと次のようになります。

$$C_6H_5-H \ + \ E^+ \longrightarrow C_6H_5-E \ + \ H^+$$

求電子置換反応

陽イオンなどの求電子試薬（E^+）がマイナスの部分に引き寄せられて結合し，その代わりに水素イオンが取れる反応

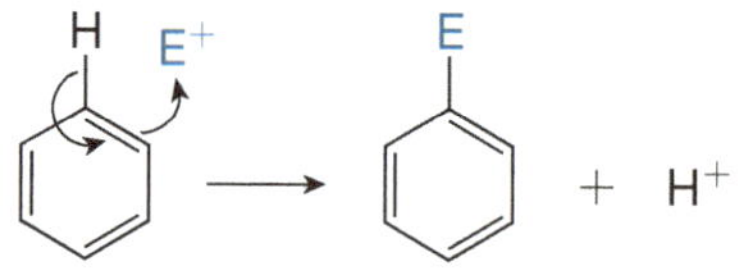

[基礎知識チェック 12-3] 空欄を埋めましょう。

陽イオンがマイナスの部分（電子）に近づき，他の原子または原子団に置き換わる反応を，［　　　　］反応という。また，求電子反応をひきおこす陽イオンを［　　　　］という。

12.3 ● 種々の求電子置換反応

ベンゼンの求電子置換反応は5種類あります。すべての反応で，触媒の働きで陽イオンが生じて，それが，ベンゼンのHと置換します。

(A) ニトロ化

HNO_3 から NO_2^+ が生成して反応

(B) スルホ化（スルホン化）

H_2SO_4 から SO_3H^+ が生成して反応*

(C) 塩素化（ハロゲン化）

Cl_2 から Cl^+ が生成して反応

(D) アルキル化（Friedel-Crafts 反応）

RCl から R^+ が生成して反応

(E) アシル化（Friedel-Crafts 反応）

RCOCl から RCO^+ が生成して反応

*現在は SO_3 が直接反応するという考えが主流

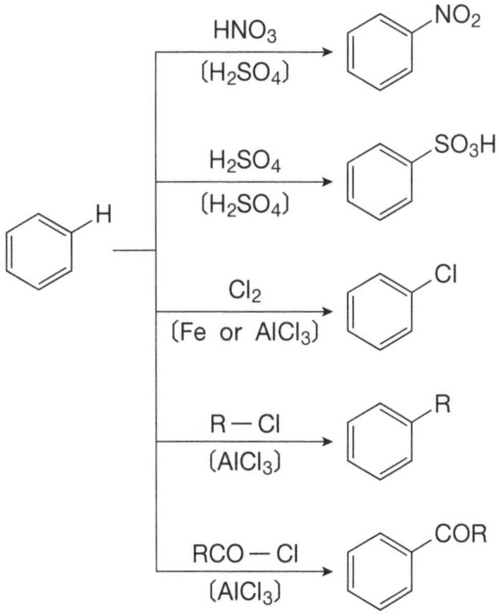

ベンゼン(H) → HNO_3 〔H_2SO_4〕 → NO_2
ベンゼン(H) → H_2SO_4 〔H_2SO_4〕 → SO_3H
ベンゼン(H) → Cl_2 〔Fe or $AlCl_3$〕 → Cl
ベンゼン(H) → R－Cl 〔$AlCl_3$〕 → R
ベンゼン(H) → RCO－Cl 〔$AlCl_3$〕 → COR

[反応式チェック 12-4] 空欄に入る化学式を答えましょう。

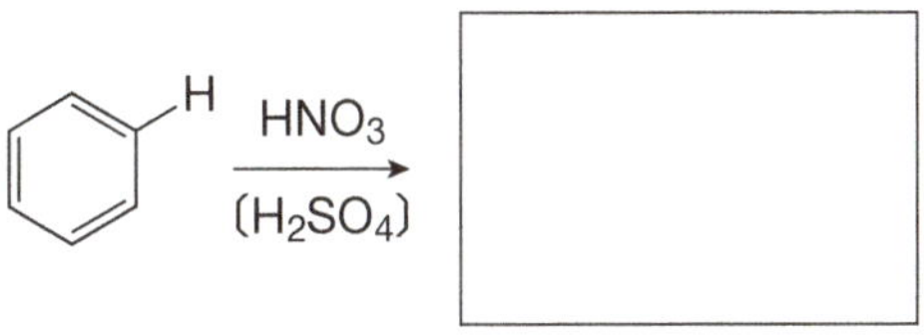

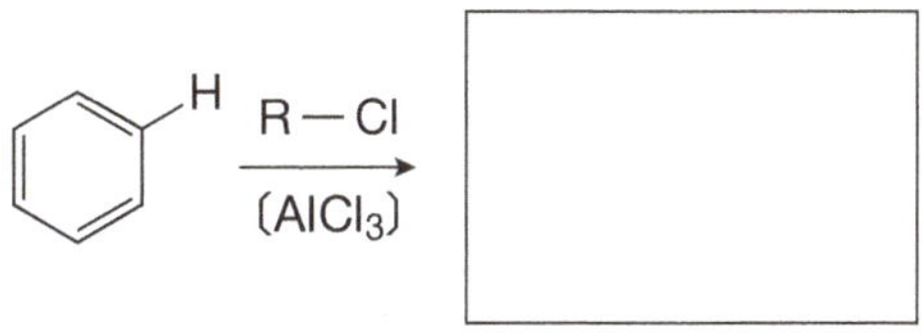

ベンゼン(H) → HNO_3 〔H_2SO_4〕 → [ ]

ベンゼン(H) → R－Cl 〔$AlCl_3$〕 → [ ]

[第12講のまとめの問題]

(A) 次のア～オのキシレンを位置異性で分類せよ。

ア CH_3, CH_3 イ CH_3, CH_3 ウ CH_3, CH_3 エ CH_3, CH_3 オ CH_3, CH_3

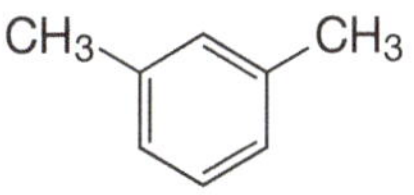

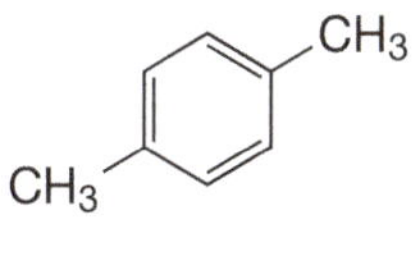

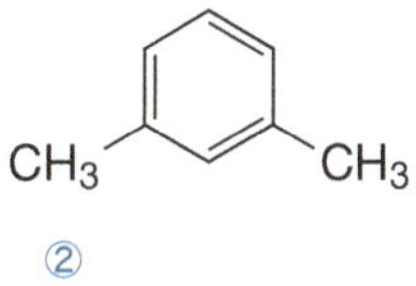

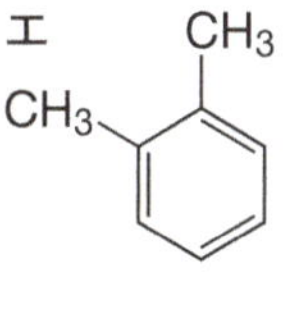

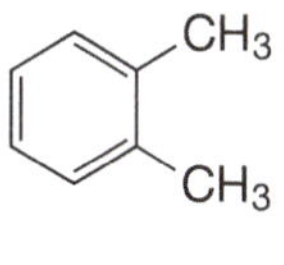

o–キシレン ①..................... *m*–キシレン ②..................... *p*–キシレン ③.....................

(B) 次の反応生成物の化学式を答えよ。

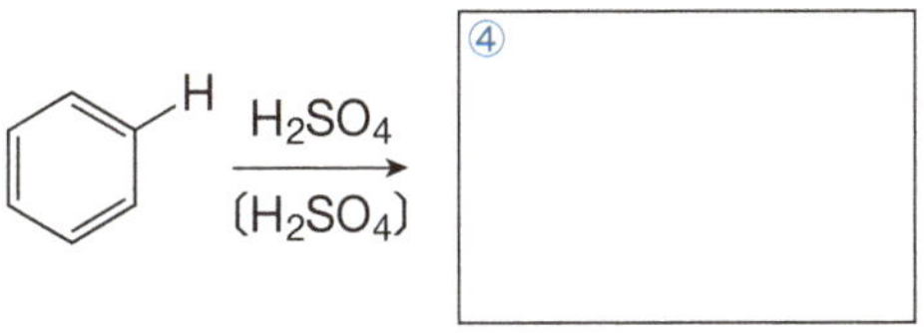

ベンゼン(H) → H_2SO_4 〔H_2SO_4〕 → ④[ ]

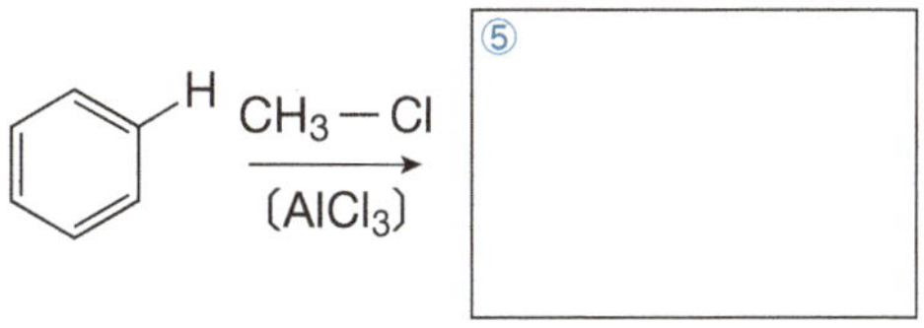

ベンゼン(H) → CH_3－Cl 〔$AlCl_3$〕 → ⑤[ ]

第 13 講

炭素の級

この講で習得してほしいこと

□ 炭素原子の級を答えられるようになる　→まとめの問題

C_5H_{12} で表される分子は，次の 3 種類があります。炭素原子を 4 色に分けて示しました。

$CH_3-CH_2-CH_2-CH_2-CH_3$　　$CH_3-CH(CH_3)-CH_2-CH_3$　　$CH_3-C(CH_3)_2-CH_3$

炭素原子は，結合している原子の違いで 4 種類に分類されます。この違いが分かっていると，有機反応を詳しく学習するときに大変便利です。見分け方を学習していきましょう。

まず，緑色の炭素原子です。共通性は何でしょうか。下に，価標を全て表した図を示します。両方を見て観察してください。

緑色の炭素は，みな水素原子が 2 個結合しています。いま，水素原子に注目しましたが，有機化学は炭素原子が中心ですので，炭素原子に注目してください。緑色の炭素原子は，みな 2 個の炭素原子と結合しています。

<u>着目した炭素原子に何個の炭素原子が結合しているかで，炭素の " 級 " が決まります。</u>

着目した炭素原子に，1 個の炭素原子が結合していると第 1 級炭素，2 個の炭素原子が結合していと第 2 級炭素，3 個結合していると第 3 級炭素，4 個結合していると第 4 級炭素となります。

これをまとめると，次のようになります。

炭素原子の級

着目した炭素原子に結合する炭素原子の数で比較

1個の炭素が結合	2個の炭素が結合	3個の炭素が結合	3個の炭素が結合
第1級炭素	第2級炭素	第3級炭素	第4級炭素

例題とその解説を通して，分子の中の各炭素の級を答えられるようになってください。

［例題 13-1］ 次の分子の㋐〜㋓の炭素原子はそれぞれ何級の炭素原子であるか。

㋐ CH_3 ― ㋑ CH ― ㋓ CH_3（㋑に ㋒ CH_3 が結合）

【考え方】 ㋐の炭素に結合している炭素原子は㋑のみ，すなわち1個だけなので，1級になります。同様に，㋒と㋓は共に㋑の1個の炭素原子が結合しているので，1級です。

㋑の炭素原子は，㋐，㋒，㋓の炭素原子が結合しているので，3級です。

第1級：㋐，㋒，㋓　　第3級：㋑

［第13講のまとめの問題］

次の2つの㋐〜㋜の炭素原子について，それぞれ何級の炭素原子であるか。下の記入欄に炭素原子の番号を答えよ。

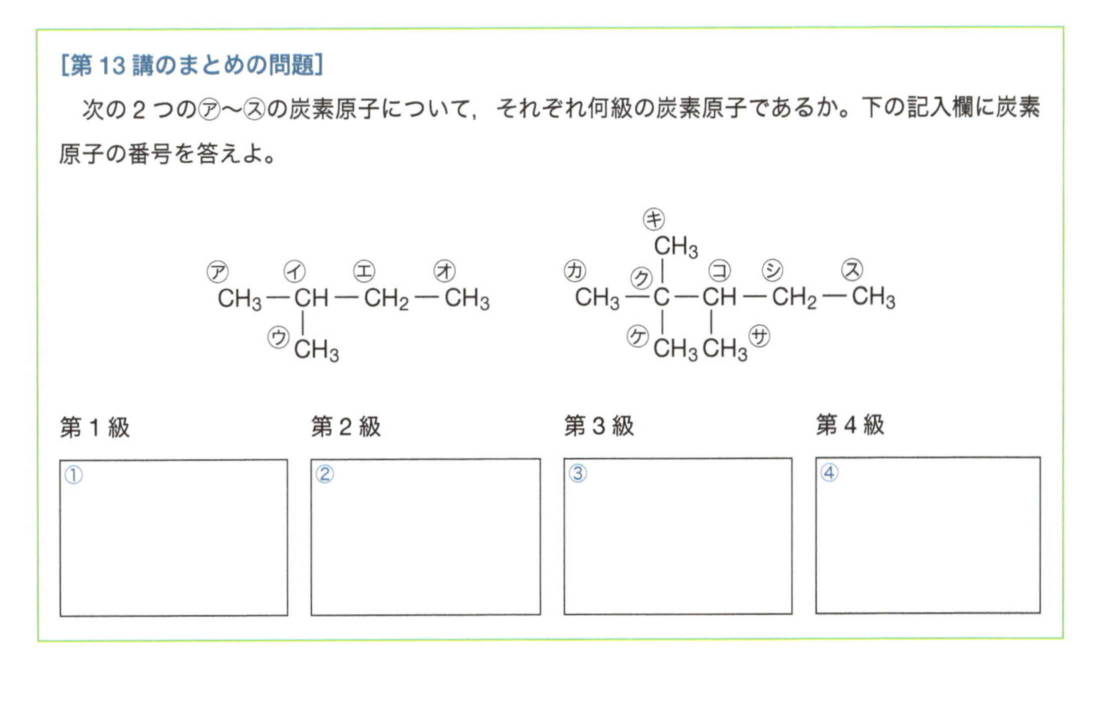

第 14 講

アルコールとその反応

この講で習得してほしいこと

- □ アルコールの級をいえる → 基礎知識チェック 14-2
- □ アルコールの級と酸化反応の起こり方 → 基礎知識チェック 14-3
- □ アルコールの 2 種類の脱水反応の区別 → 基礎知識チェック 14-4
- □ アルコールの脱水脱離反応の生成物の予想 → 基礎知識チェック 14-4
- □ アルコールの脱水縮合反応の生成物の予想 → 基礎知識チェック 14-4

14.1 ● 級によるアルコールの分類

アルコールは，分子内にヒドロキシ基（OH）を持つ化合物で，たくさんの物質があります。下に 6 つのアルコールを示します。

$CH_3-CH_2(OH)$
エタノール①

$CH_3-CH_2-CH_2(OH)$
1−プロパノール①
（プロパン−1−オール）

$CH_3-CH(OH)-CH_3$
2−プロパノール②
（プロパン−2−オール）

$CH_3-C(CH_3)(OH)-CH_3$
2−メチル−2−プロパノール③
（2−メチルプロパン−2−オール）

$CH_3-CH(OH)-CH_2-CH_3$
2−ブタノール②
（ブタン−2−オール）

$CH_3-C(CH_3)(OH)-CH_2-CH_3$
2−メチル−2−ブタノール③
（2−メチルブタン−2−オール）

名称の数字。OH 基や CH_3 基などが結合している炭素の位置を示している。

これらをグループに分けると，学習効率がよくなります。ここでは，第 13 講で学習した級で分類します。アルコールの級は，OH（ヒドロキシ基）が結合している炭素の級で分けます。

ヒドロキシ基が結合している炭素原子が第 1 級炭素であるなら第 1 級アルコール（青色），第 2 級炭素であれば第 2 級アルコール（緑色），第 3 級炭素であれば第 3 級アルコール（紫色）となります。一般式でまとめると，次のように分類できます。名称の横の① ② ③の数は級を表しています。

R, R′, R″ : アルキル基 C_nH_{2n+1}（例 CH_3, C_2H_5, C_3H_7）

アルコールでは，それらが何級のアルコールか答えられるようになってください。

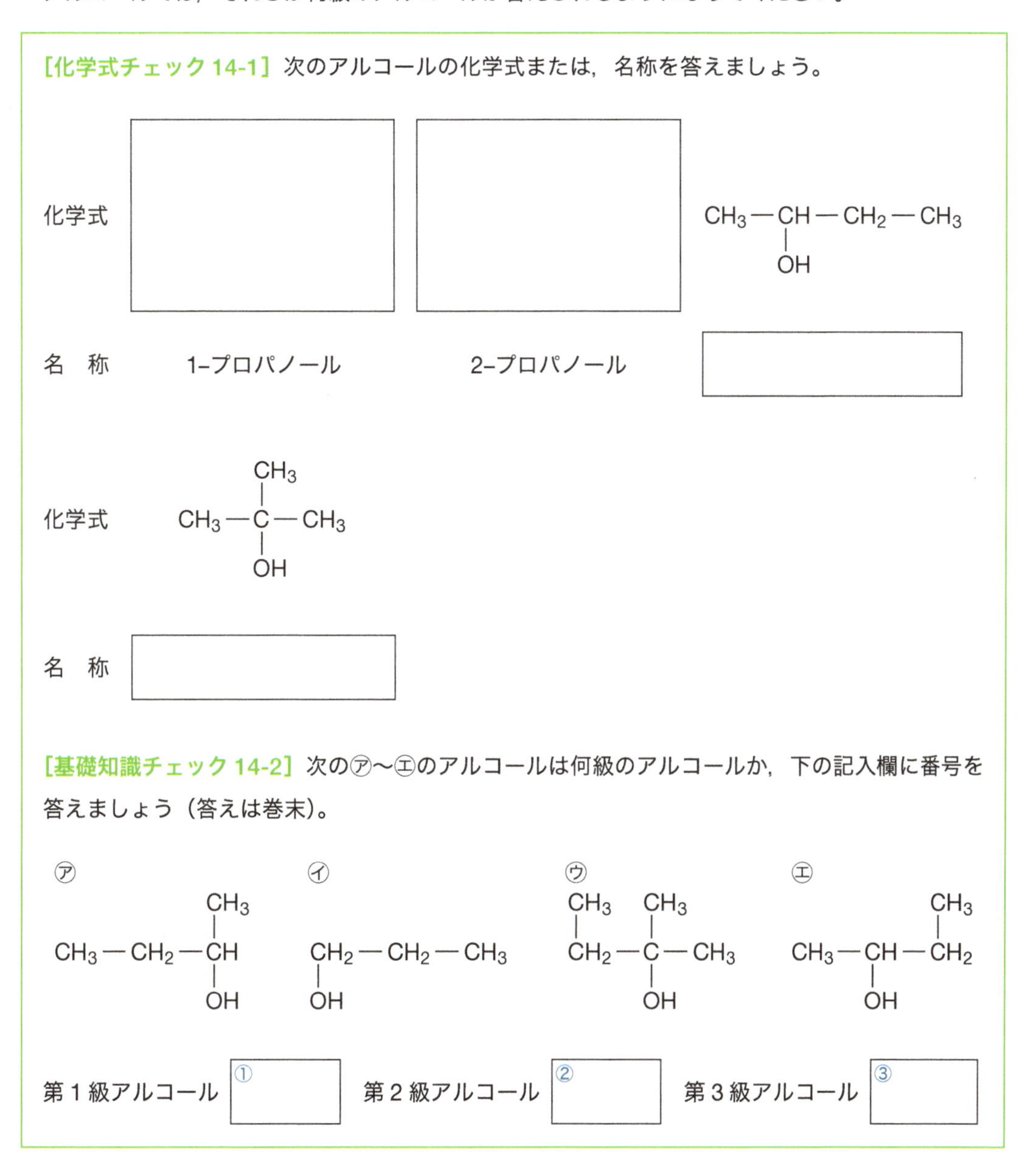

［化学式チェック 14-1］次のアルコールの化学式または，名称を答えましょう。
化学式
CH3—CH—CH2—CH3
OH
名　称
1–プロパノール
2–プロパノール
CH3
化学式
CH3—C—CH3
OH
名　称
［基礎知識チェック 14-2］次の㋐〜㋓のアルコールは何級のアルコールか，下の記入欄に番号を答えましょう（答えは巻末）。
㋐
CH3
CH3—CH2—CH
OH
㋑
CH2—CH2—CH3
OH
㋒
CH3　CH3
CH2—C—CH3
OH
㋓
CH3
CH3—CH—CH2
OH
第 1 級アルコール ①
第 2 級アルコール ②
第 3 級アルコール ③

14.2 ● アルコールの酸化反応

(1)　第 1 級アルコールの酸化

第 3 講で，エタノール（アルコール）の酸化反応を説明しました。

$$\underset{\text{エタノール}}{CH_3-CH_2-OH} \xrightarrow[-2H]{\text{酸化}} \underset{\text{アセトアルデヒド}}{CH_3-CHO} \xrightarrow[+O]{\text{酸化}} \underset{\text{酢酸}}{CH_3-COOH}$$

これは，一般式として，アルコール → アルデヒド → カルボン酸と表せます。しかし，このようにアルデヒド，カルボン酸へと酸化されるのは，第 1 級アルコールのみです。第 2 級，第 3 級のアルコールは，酸化のようすが変わってきます。

(2)　第 2 級アルコール

第 2 級アルコールである 2–プロパノールが酸化されると，アセトンが生じます。

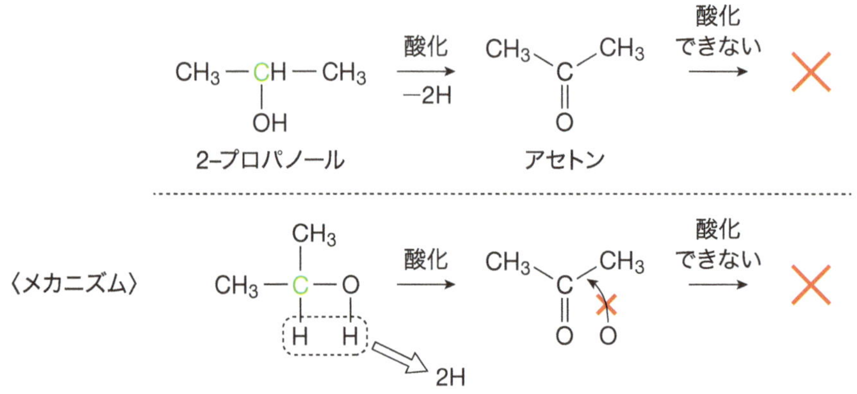

$$\underset{\text{2–プロパノール}}{CH_3-CH(OH)-CH_3} \xrightarrow[-2H]{\text{酸化}} \underset{\text{アセトン}}{CH_3-CO-CH_3} \xrightarrow{\text{酸化できない}} \times$$

〈メカニズム〉

$$CH_3-C(CH_3)(H)-O-H \xrightarrow{\text{酸化}} CH_3-C(=O)-CH_3 \xrightarrow{\text{酸化できない}} \times$$

（H と H がはずれて 2H。アセトンの C には O が入り込めない）

メカニズムを見ると，1 段階目の反応（2 個の水素原子がはずれる反応）は第 1 級アルコールと同様におこります。しかし，2 段階目の酸素の結合がおこりません。というのは，CO の C に直接 H が結合している場合にのみ C と H の間に酸素が入り込んで，酸化されるためです。

すなわち，第 2 級アルコールは，1 段階目（H がとれる）のみ酸化反応がおこります。

(3)　第 3 級アルコールの酸化

第 3 級アルコールの代表例の 2–メチル–2–プロパノールの場合は，1 段階目の反応がおこせません。というのは，OH の隣の炭素に H がないためです（下図右）。

$$CH_3-C(CH_3)(OH)-CH_3 \xrightarrow{\text{酸化できない}} \times \qquad CH_3-C(CH_3)(CH_3)-O-H \xrightarrow{\text{酸化できない}} \times$$

（右図：CH₃ と H からは 2H がはずれない）

このように，アルコールの酸化は級によって，状況が異なります。級の違いをもとに，アルコールの酸化をまとめると，次のようになります。

この流れは，反応のしくみ（Hが取れた後に，Oが入り込む）とともに覚えてください。

アルコールの酸化のまとめ

第1級アルコール → アルデヒド → カルボン酸
第2級アルコール → ケトン → 酸化せず
第3級アルコール → 酸化せず

第1級アルコール

$$R-CH_2-OH \xrightarrow[-2H]{酸化} R-CHO \xrightarrow[+O]{酸化} R-COOH$$

第2級アルコール

$$R-CH(R')-OH \xrightarrow[-2H]{酸化} R-CO-R' \xrightarrow{酸化せず} \times$$

第3級アルコール

$$R-C(R')(R'')-CH_3 \xrightarrow{酸化せず} \times$$

［反応式チェック 14-3］次のアルコールが酸化したときの反応生成物の化学式または名称（酸化しないは×）を答えましょう。

アルコール		生成物		生成物
$CH_3-CH_2-CH_2(OH)$	→		→	
$CH_3-CH(OH)-CH_3$	→		→	
$CH_3-C(CH_3)(OH)-CH_3$	→		→	
第1級アルコール	→		→	
第2級アルコール	→		→	
第3級アルコール	→		→	

14.3 アルコールの脱水反応

(1)　脱離反応（分子内脱水反応）

エタノールに少量の濃硫酸を加え170℃程度で加熱すると，水が外れて，エチレンが生じます。

$$\mathrm{H{-}\underset{H}{\overset{H}{C}}{-}\underset{O-H}{\overset{H}{C}}{-}H} \xrightarrow[170^\circ C]{濃硫酸} \mathrm{CH_2{=}CH_2} + \mathrm{H_2O}$$

（H と O—H の部分：脱水）

エタノール　　　　エチレン

濃硫酸には，アルコールから水を外す脱水作用（H_2O を取り出す）があります。やや高めの温度では，分子内から水を取り外し，アルケンが生じます。これは，分子内で脱水作用が起こりつつ，π結合ができる反応で，脱水脱離反応といいます。

脱離反応とは，分子が外れてπ結合が生じる反応で，まずは，付加反応の逆反応というイメージで考えてください。

(2)　脱水縮合反応（分子間脱水反応）

エタノールに少量の濃硫酸を加え，温度を低めの140℃程度で加熱すると，エタノール2分子から1分子の水が外れて，常温で液体のジエチルエーテルが生じます。

$$\mathrm{CH_3-CH_2-OH\ \ HO-CH_2-CH_3} \xrightarrow[140^\circ C]{濃硫酸} \mathrm{CH_3-CH_2-O-CH_2-CH_3} + \mathrm{H_2O}$$

エタノール　　　　ジエチルエーテル

温度が低いと濃硫酸の脱水作用が弱くなって，アルコール2分子からようやく1分子が外れると理解しておくとよいでしょう。

（1）と（2）をまとめると次のようになります。

C_2H_5OH —濃硫酸→
- 約170℃(高温) → $CH_2{=}CH_2$
- 約140℃(低温) → $C_2H_5OC_2H_5$

アルコールの脱水をまとめると次のようになります。

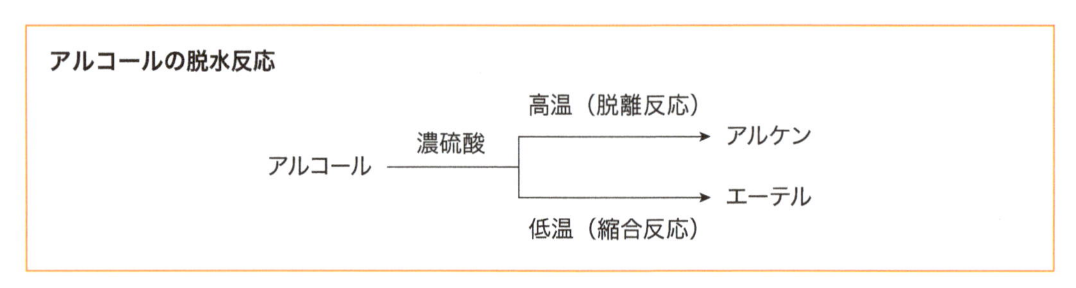

[反応式チェック 14-4]

（A）空欄に入る生成物の名称を答えましょう。

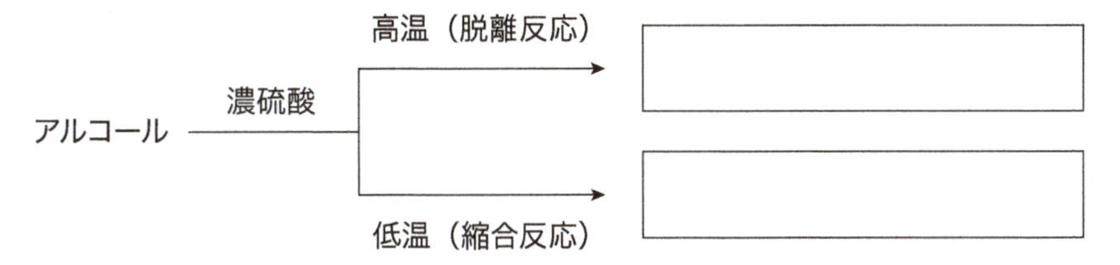

（B）空欄に入るおもな生成物の化学式を答えましょう。

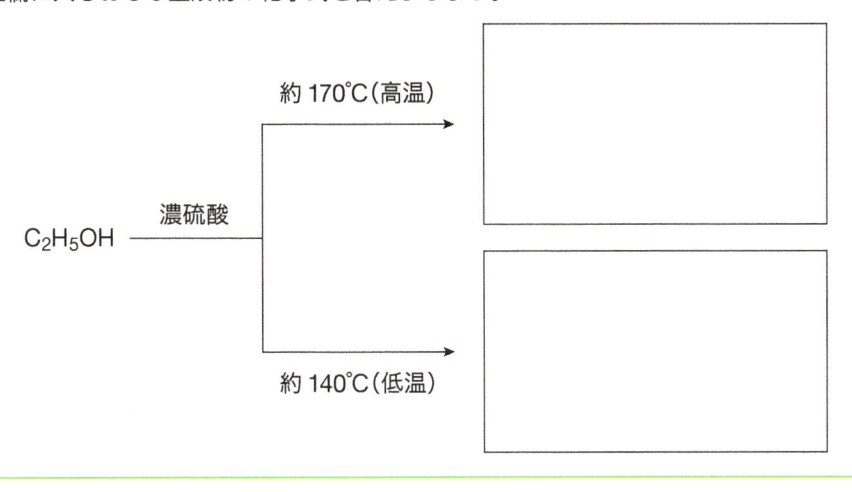

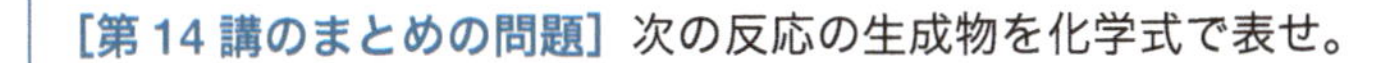

[第 14 講のまとめの問題] 次の反応の生成物を化学式で表せ。

（A）　$CH_3-CH_2-CH_2-CH_2-OH$ $\xrightarrow{\text{酸化}}$ ①［　　　］ $\xrightarrow{\text{酸化}}$ ②［　　　］

（3）　C_3H_7OH $\xrightarrow[\text{（高温）}]{\text{濃硫酸}}$ ③［　　　］

第 15 講

ハロゲン化アルキルとその反応

この講で習得してほしいこと

- □ ハロゲン化アルキルの構造と名称　→化学式チェック 15-1
- □ ハロゲン化アルキルの置換反応　→反応式チェック 15-2
- □ ハロゲン化アルキルの脱離反応　→反応式チェック 15-3

15.1 ● ハロゲン化アルキル

有機化合物には，ハロゲン族元素（フッ素 F，塩素 Cl，臭素 Br，ヨウ素 I）を含むものもあります。

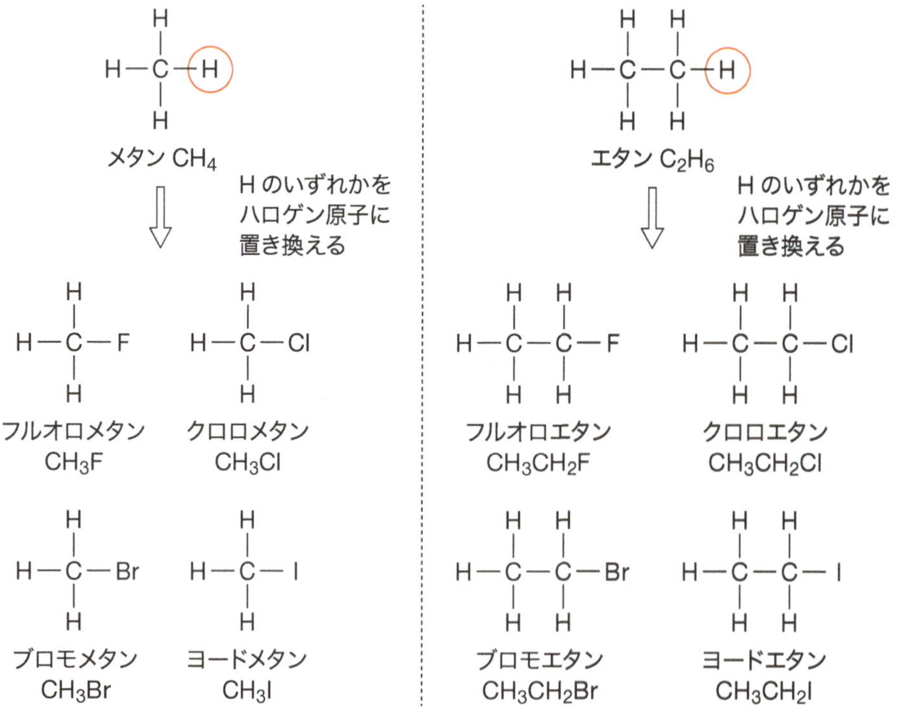

メタン CH_4

⇓ H のいずれかをハロゲン原子に置き換える

フルオロメタン CH_3F　クロロメタン CH_3Cl

ブロモメタン CH_3Br　ヨードメタン CH_3I

エタン C_2H_6

⇓ H のいずれかをハロゲン原子に置き換える

フルオロエタン CH_3CH_2F　クロロエタン CH_3CH_2Cl

ブロモエタン CH_3CH_2Br　ヨードエタン CH_3CH_2I

これらの名称は，メタン，エタンの前に，フッ素 F の場合はフルオロ，塩素 Cl の場合はクロロ，臭素 Br の場合はブロモ，ヨウ素 I の場合はヨードを接頭語として加えたものになっています。

このように，アルカンの水素原子をハロゲン原子に置き換えた化合物を，**ハロゲン化アルキル**といいます。有機化学の世界ではハロゲン元素を X と表すことが多く，ハロゲン化アルキルの一般式を RX と表す場合が多くなっています。

炭素が 3 個以上のおもなハロゲン化アルキルを示します。

$CH_3-CH(Br)-CH_3$	$CH_3-CH(Br)-CH_2-CH_3$	$CH_3-CH(Cl)-CH_3$	$CH_3-C(CH_3)(Br)-CH_3$
2–ブロモプロパン	2–ブロモブタン	2–クロロプロパン	2–ブロモ–2–メチルプロパン

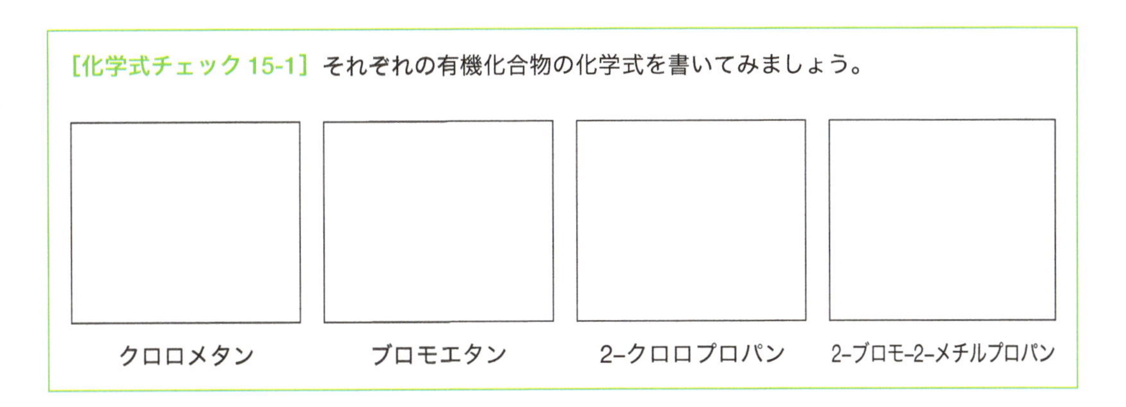

[化学式チェック 15-1] それぞれの有機化合物の化学式を書いてみましょう。
クロロメタン
ブロモエタン
2–クロロプロパン
2–ブロモ–2–メチルプロパン

15.2 ● ハロゲン化アルキルの置換反応

ブロモエタン C_2H_5Br に水酸化物イオン OH^- を作用させると，エタノールが生じます。

$$CH_3-CH_2-Br \quad + \quad OH^- \longrightarrow CH_3-CH_2-OH \quad + \quad Br^-$$

$$\underset{\text{ブロモエタン}}{CH_3-CH_2-\boxed{Br}} \quad + \quad OH^- \xrightarrow{} \underset{\text{エタノール}}{CH_3-CH_2-OH} \quad + \quad Br^-$$

置換

マイナスになりやすい Br が OH へ置き換わる置換反応です。

もう 1 つの例として，2–ブロモプロパンの場合を示します。

$$CH_3-CHBr-CH_3 \quad + \quad OH^- \longrightarrow CH_3-CH(OH)-CH_3 \quad + \quad Br^-$$

$$\underset{\text{2–ブロモプロパン}}{CH_3-\underset{Br}{\underset{|}{CH}}-CH_3} \quad + \quad OH^- \longrightarrow \underset{\text{2–プロパノール}}{CH_3-\underset{OH}{\underset{|}{CH}}-CH_3} \quad + \quad Br^-$$

この置換反応は，他のハロゲン化アルキルでもおこります。一般式として次のように表されます。

$$\underset{\text{ハロゲン化アルキル}}{R-X} \quad + \quad \underset{\text{水酸化物イオン}}{OH^-} \longrightarrow \underset{\text{アルコール}}{R-OH} \quad + \quad \underset{\text{ハロゲン化物イオン}}{X^-}$$

[反応式チェック 15-2] 次の OH^- による置換反応の反応式を完成させましょう。

$CH_3-CH_2-Br \ + \ OH^- \longrightarrow$ [　　　　]

$CH_3-CHBr-CH_3 \ + \ OH^- \longrightarrow$ [　　　　]

15.3 ● ハロゲン化アルキルの脱離反応

ブロモエタン C_2H_5Br に触媒としてアルカリ*を作用させると，HBr という分子が取れて，エチレンが生じます。

$$CH_3-CH_2-Br \xrightarrow{(KOH)} CH_2=CH_2 + HBr$$

$$\underset{H\qquad Br}{CH_2-CH_2} \xrightarrow{(KOH)} \underset{H-Br}{CH_2=CH_2}$$

触媒であるアルカリが臭化水素を外す（脱離する）働きを持っています。分子が取れて，二重結合（π結合）が生じる反応であり，脱離反応といいます。付加反応の逆の反応と考えてください。

もう1つ，2–ブロモプロパンの脱離反応の例を示します。プロペンが生じます。

$$CH_3-CHBr-CH_3 \xrightarrow{(KOH)} CH_2=CH-CH_3 + HBr$$

$$\underset{H\qquad Br}{CH_2-CH-CH_3} \xrightarrow{(KOH)} \underset{H-Br}{CH_2=CH-CH_3}$$

これらのハロゲン化アルキルの脱離反応は，一般式として次のように表されます。

$$-\underset{H}{\overset{|}{\underset{|}{C}}}-\underset{X}{\overset{|}{\underset{|}{C}}}- \xrightarrow{(KOH)} >C=C< + HX$$

触媒としてアルカリ*：脱離反応は，アルカリを電離させない（イオン化させない）状況で反応させます。具体的には，水溶液中でなく油のような有機性の溶媒の中でおこないます。
すなわち，アルカリのイオンが存在するときは置換反応，イオンが存在しないときは脱離反応がおこります。

[反応式チェック 15-3] 次のハロゲン化アルキルが脱水脱離したときに生じる物質を答えましょう。

$CH_3-CH_2-Br \xrightarrow{(KOH)}$ [ ]

$CH_3-CHBr-CH_3 \xrightarrow{(KOH)}$ [ ]

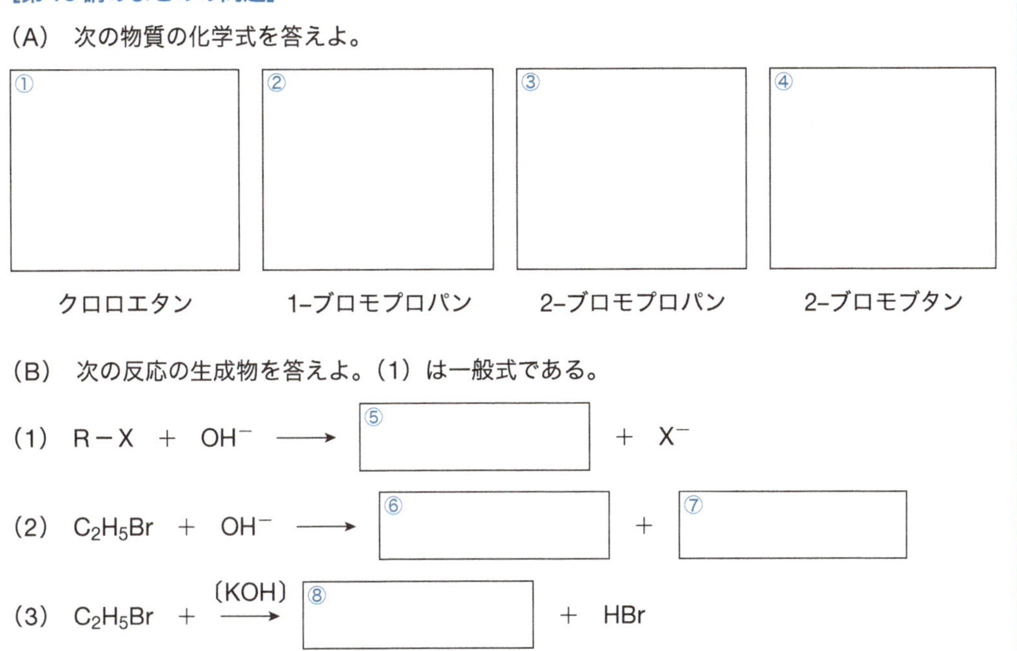

[第 15 講のまとめの問題]
(A) 次の物質の化学式を答えよ。
①
②
③
④
クロロエタン
1‒ブロモプロパン
2‒ブロモプロパン
2‒ブロモブタン
(B) 次の反応の生成物を答えよ。(1) は一般式である。
(1) $R-X + OH^- \longrightarrow$ ⑤ $+ X^-$
(2) $C_2H_5Br + OH^- \longrightarrow$ ⑥ + ⑦
(3) $C_2H_5Br + \xrightarrow{(KOH)}$ ⑧ $+ HBr$

第16講

電気陰性度と電荷の偏り

この講で習得してほしいこと

- □ 電気陰性度の性質 → 基礎知識チェック 16-1
- □ 電気陰性度の大小と原子のプラスマイナスの関係 → 例題 16-2
- □ 電気陰性度の大小と分子内の電荷の偏り → 例題 16-2

16.1 ● 電気陰性度

HCl が電離すると，H が陽イオンに，Cl が陰イオンになります。Cl が陽イオン（プラス）ではなく陰イオン（マイナス）になるのは，Cl が H より電子を引き寄せやすいからです。

$$HCl \longrightarrow H^+ + Cl^- \qquad H\text{—}\ddot{\underset{\cdot\cdot}{Cl}}: \longrightarrow H^+ + :\ddot{\underset{\cdot\cdot}{Cl}}:^-$$

この電子の引き寄せやすさの度数を電気陰性度という量で表します。おもな元素の値を示します。

F	>	O	>	N, Cl	>	Br	>	C	>	H	>	Na
4.0		3.5		3.0		2.8		2.5		2.2		0.9

この値が相対的に大きい原子のほうに，電子が引き寄せられます。すなわち，上の並びでは，左側の原子のほうがよりマイナス（負）になりやすくなります。

C と O を比べると，O のほうが電気陰性度が大きいのでマイナス（$\delta-$）になり，C はプラス（$\delta+$）になります。C と H の場合は，C のほうが電気陰性度が大きいのでマイナス（$\delta-$）になります。すなわち，結合する相手によって，プラスマイナスが変わることがあります。δ：“少し”という意味

$$\overset{\delta+}{C} \longrightarrow \overset{\delta-}{O}$$
2.5　3.5

$$\overset{\delta-}{C} \longleftarrow \overset{\delta+}{H}$$
2.5　2.2

電気陰性度：電子の引き寄せやすさの度数。大きいほどマイナスになりやすい。

［基礎知識チェック 16-1］空欄を埋め，〈　〉内から適したものを選びましょう。

原子の電子の引き寄せやすさを示す度数を［　　　　］という。この値が大きいほど，原子は〈プラス・マイナス〉になりやすい。

16.2 ● 分子内の電荷の偏り

電気陰性度とプラスマイナスのなりやすさに慣れていきましょう。

[例題 16-2] 次に示す原子同士が結合しているとき，どちらの原子がプラスとマイナスになりやすいですか。電気陰性度の値を参考にして答えましょう。

右の例にならい，マイナスになりやすい原子の上には$\delta-$，プラスになりやすい原子の上には$\delta+$ で表してください。（右の図参照）

$\overset{\delta-}{\mathrm{C}} \leftarrow \overset{\delta+}{\mathrm{H}}$

(1)　C —— F　　(2)　C —— Cl　　(3)　C —— Br　　(4)　C —— H

(5)　C —— O　　(6)　N —— O　　(7)　N —— H

【考え方】 単純に左の表の電気陰性度の大きいほうの原子がマイナスになります。

(1)　$\overset{\delta+}{\mathrm{C}} \rightarrow \overset{\delta-}{\mathrm{F}}$　　(2)　$\overset{\delta+}{\mathrm{C}} \rightarrow \overset{\delta-}{\mathrm{Cl}}$　　(3)　$\overset{\delta+}{\mathrm{C}} \rightarrow \overset{\delta-}{\mathrm{Br}}$　　(4)　$\overset{\delta-}{\mathrm{C}} \leftarrow \overset{\delta+}{\mathrm{H}}$

(5)　$\overset{\delta+}{\mathrm{C}} \rightarrow \overset{\delta-}{\mathrm{O}}$　　(6)　$\overset{\delta+}{\mathrm{N}} \rightarrow \overset{\delta-}{\mathrm{O}}$　　(7)　$\overset{\delta-}{\mathrm{N}} \leftarrow \overset{\delta+}{\mathrm{H}}$

ここでは，価標の中央に電気陰性度の大きい原子の方向に矢先を記しました。これは，原子間の電子が電気陰性度の大きい方に引き寄せられやすいことを表すときの表記です。

改めて，電気陰性度にもとづいて，分子内の電気的な変化について考えていきます。

電気陰性度が相対的に大きい原子　≒　マイナスになりやすい

この考えはよろしいですね。

すると，右図のように，電気陰性度の大きい原子（Z）のほうに，YZ 間の電子が引き寄せられます（紫色）。完全に電子が Z に引き寄せられると，①のように Z が陰イオンになります。完全に引き寄せられないときは，②のように Z はややマイナスの電気を持つようになります。どちらになるかは，状況により異なります。

電気陰性度 Y < Z の場合

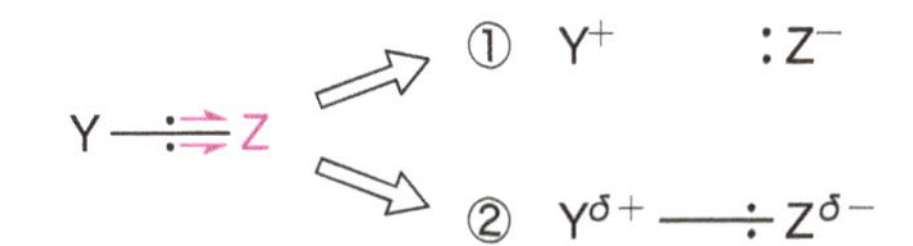

[第 16 講のまとめの問題] 〈 〉内から適したものを選べ。

結合する 2 つの原子に注目すると，電気陰性度の大きい原子のほうが，電気的に〈プラス・マイナス〉になる。

第17講

ハロゲン化アルキルの求核置換反応

この講で習得してほしいこと

- □ 分子内の電気的な偏りは電気陰性度で判断する → 基礎知識チェック 17-1，17-2
- □ 陰イオンが求核置換反応をおこす → 反応式チェック 17-3

第16講で，ブロモエタン C_2H_5Br からエタノール C_2H_5OH が生じる反応を示しました。

$$CH_3CH_2Br + OH^- \longrightarrow CH_3CH_2OH + Br^- \quad \cdots (17.1)$$

この反応は，OH^- がブロモエタンに反応を仕掛けますので，ブロモエタンのプラスになっている部分で反応がおこると予想できます。ブロモエタンのどの部分がプラスになっているかを考えましょう。

(1) 反応がおこるきっかけ（分子内の電気の偏り）

ブロモエタンから Br が取れますから，C と Br の結合を検討します。

C より Br のほうが電気陰性度が大きいので，Br のほうがマイナスの電気を持つ（電子を引き寄せる）ようになります。

H H / H—C—C—Br / H H → ① H_3C—C^+（H，H） :Br^- ② H_3C—$C^{\delta+}$（H，H）—$Br^{\delta-}$

電子が完全に Br に引き寄せられると①のようにイオンになり，完全でない場合は②のように C がややプラス（δ＋）に，Br がややマイナス（δ－）になります。反応式で表すなら，次のようになります。

①なら，$CH_3-CH_2-Br \longrightarrow CH_3-CH_2^+ + Br^-$

②なら，$CH_3-CH_2-Br \longrightarrow CH_3-\overset{\delta+}{CH_2}-\overset{\delta-}{Br}$

①，②ともに C がプラスになっているので，両方とも OH^- が攻撃することができます。

まずわかってもらいたいのは，分子内でもプラスかマイナスの差があり，その差は電気陰性度で判断できるということ。

すると，上の（17.1）のような，OH^- などマイナスイオンがプラスの部分を攻撃する（反応をしかける）ことが可能になります。

(2)　反応全体のしくみ　求核置換反応

OH^- による置換反応の全体のしくみを考えます。反応のきっかけが２種類あるので，わけて考えます。

A. イオンに分かれる（①）ことがきっかけでおこる場合

次の２段階になります。

（１段階目）

$$CH_3-CH_2-Br \longrightarrow CH_3-CH_2^+ + :Br^-$$

$$CH_3-CH_2-Br \longrightarrow CH_3-CH_2^+ + :Br^-$$

（２段階目）

$$CH_3-CH_2^+ + :OH^- \longrightarrow CH_3-CH_2-OH$$

$$CH_3-CH_2^+ + :OH^- \longrightarrow CH_3-CH_2-OH$$

B. 分子内に電気的な偏りができる（②）ことがきっかけでおこる場合

OH^- がブロモエタンに近づくと同時に Br^- が外れるような連続的に反応がおこります。

$$CH_3-CH_2-Br + :OH^- \longrightarrow CH_3-CH_2-OH + :Br^-$$

$$CH_3-\overset{\delta+}{C}H_2-Br + :OH^- \longrightarrow CH_3-CH_2-OH + :Br^-$$

この２種類（A, B）のどちらが実際におこるかというと，両方がおこると考えなければなりません。というのは，反応させる条件（濃度，温度，溶媒など）によっても変わりますし，アルキル基が大きくなる（炭素が増える）と①のほうがおこりやすくなるなどの傾向もあり，一方のみがおこるといいきれないためです。

このような，陰イオンがプラスの部分を攻撃して（働きかけて）おこる置換反応を**求核置換反応**といいます。また，陰イオンなどプラスを攻撃するイオンや分子を**求核試薬**といいます。

ハロゲン化アルキルの求核置換反応

ハロゲンが結合する炭素はプラス。陰イオンはプラスの炭素に反応を仕掛ける。

$$RX + OH^- \longrightarrow ROH + X^-$$

[基礎知識チェック 17-1] 〈　〉から適するものを選びましょう。

分子内では電気陰性度の大きい原子のほうが〈プラス・マイナス〉の電気をもちやすい。
プラスになっている部位は陰イオンなどの〈求核・求電子〉試薬の攻撃を受けやすい。

[化学式チェック 17-2] 空欄に ＋ または － の符号を入れましょう。

CH_3-CH_2-Br（H−C−C−Br、各Cに H が2個）

① CH_3-CH_2（C□）　:Br□

② CH_3-CH_2（C δ□）――Br δ□

[反応式チェック 17-3] ブロモエタン CH_3CH_2Br の Br と OH の置換反応が 2 段階でおこる場合の反応式を完成さましょう。

1 段階目　$CH_3CH_2Br \longrightarrow$ □ ＋ Br^-

2 段階目　□ ＋ $OH^- \longrightarrow CH_3CH_2OH$

[第 17 講のまとめの問題]

(A) 空欄を埋めよ。

OH^- などの陰イオンが攻撃しておこる置換反応を ①□ 反応という。このとき攻撃する（反応を仕掛ける）陰イオンなどを ②□ 試薬という。

(B) 次の反応の生成物を答えよ。

CH_3CH_2Br ＋ $OH^- \longrightarrow$ ③□ ＋ Br^-

CH_3Br ＋ $OH^- \longrightarrow$ ④□ ＋ Br^-

第18講

カルボニル化合物と付加反応

この講で習得してほしいこと

□ アルデヒド，ケトンの構造（カルボニル基）
→ 基礎知識チェック 18-1，化学式チェック 18-2

□ カルボニル化合物の付加反応 → 反応式チェック 18-3

18.1 ● カルボニル化合物（アルデヒドとケトン）

C＝Oの二重結合を持つ化合物の簡略型構造式と示性式を示します。

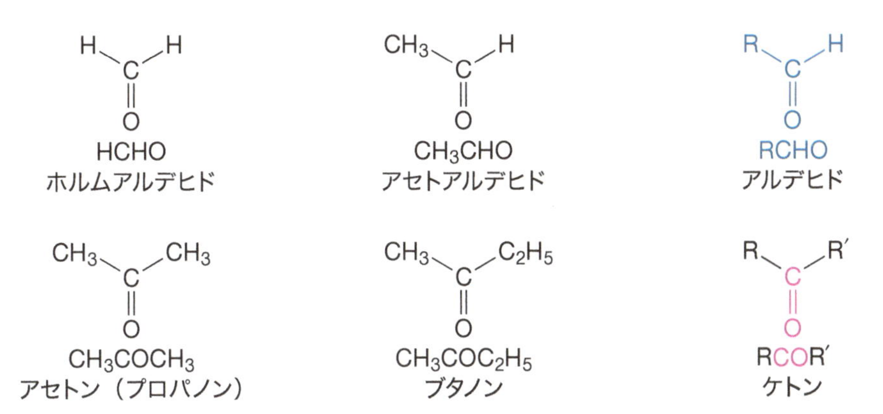

COのCに直接Hが結合しているものをアルデヒド，COのCにCが2個結合しているものをケトンといいます。この>C＝Oという構造ですが，高校では，アルデヒド基とかケトン基と学習することが多いですが，専門的にはカルボニル基といいます。また，アルデヒドとケトンをまとめて，カルボニル化合物といいます。

［基礎知識チェック 18-1］ 空欄を埋めましょう。

アルデヒド，ケトンに含まれる>C＝Oの構造は［　　　　］基という。この構造を持つ化合物を［　　　　］化合物という。

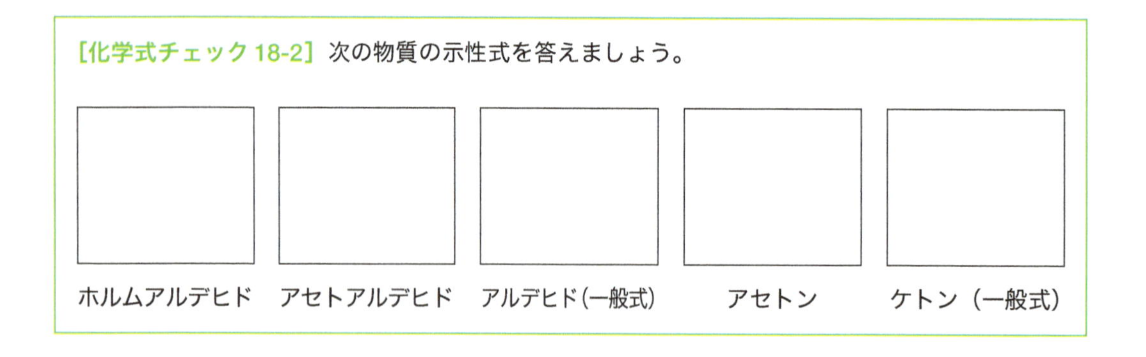

[化学式チェック 18-2] 次の物質の示性式を答えましょう。
ホルムアルデヒド
アセトアルデヒド
アルデヒド(一般式)
アセトン
ケトン（一般式)

18.2 ● カルボニル化合物の水素付加反応

アルデヒドやケトンは二重結合を持っています。二重結合があれば，アルケンと同様に水素の付加反応がおこります。

>C＝O の両方の原子に水素 H が結合するので，OH 基（ヒドロキシ基）ができてきます。すなわち，カルボニル化合物に水素が付加すると，アルコールが生じます。

$$>C{=}O + H{-}H \xrightarrow{(Pt)} -\underset{H}{\overset{|}{C}}-O-H$$

たとえば，ホルムアルデヒド HCHO からはメタノール CH_3OH が，アセトン CH_3COCH_3 からは 2-プロパノール C_3H_7OH が生じます。

$$\underset{\text{ホルムアルデヒド}}{HCHO} + H_2 \xrightarrow{(Pt)} \underset{\text{メタノール}}{CH_3OH}$$

$$\underset{\text{ホルムアルデヒド}}{(H)_2C{=}O} + H{-}H \xrightarrow{(Pt)} H-\underset{H}{\overset{H}{C}}-O-H \quad \underset{\text{メタノール}}{CH_3-OH}$$

$$\underset{\text{アセトン}}{CH_3COCH_3} + H_2 \xrightarrow{(Pt)} \underset{\text{2-プロパノール}}{CH_3CH(OH)CH_3}$$

$$\underset{\text{アセトン}}{(CH_3)_2C{=}O} + H{-}H \xrightarrow{(Pt)} \underset{\text{2-プロパノール}}{CH_3-\underset{H}{\overset{CH_3}{C}}-O-H} \quad CH_3-\overset{CH_3}{CH}-OH$$

ところで，水素付加の反応は水素が結合するので，還元反応でもあります。アルコールが酸化するときに，級によって異なる物質が生じました。還元によって生じるアルコールの級は，カルボニル化合物の違いで差が出ます。

アルデヒドからは第1級アルコールが，ケトンからは第2級アルコールが生じます。

カルボニル化合物の水素付加（還元）

アルデヒド ＋ 水素 $\xrightarrow{\text{(Pt)}}$ 第1級アルコール

ケトン ＋ 水素 $\xrightarrow{\text{(Pt)}}$ 第2級アルコール

$$\mathrm{(H)(R)C{=}O + H{-}H \xrightarrow{(Pt)} R{-}C(H)(H){-}O{-}H}$$

$$\mathrm{R{-}CH_2{-}OH}$$

アルデヒド ＋ 水素 ⟶ 第1級アルコール

$$\mathrm{(R')(R)C{=}O + H{-}H \xrightarrow{(Pt)} R{-}C(R')(H){-}O{-}H}$$

$$\mathrm{R{-}CH(R'){-}OH}$$

ケトン ＋ 水素 ⟶ 第2級アルコール

[反応式チェック 18-3]

（A） 次の反応の生成物の名称を答えましょう。

アルデヒド ＋ 水素 $\xrightarrow{\text{(Pt)}}$ □

ケトン ＋ 水素 $\xrightarrow{\text{(Pt)}}$ □

（B） 次の反応の生成物を化学式で答えましょう。

$\mathrm{(H)(R)C{=}O + H_2 \xrightarrow{(Pt)}}$ □

$\mathrm{(H)(CH_3)C{=}O + H_2 \xrightarrow{(Pt)}}$ □

[第 18 講のまとめの問題] 次の反応の生成物を答えよ。

(a)

$$\underset{\text{ホルムアルデヒド}}{\begin{matrix} H \\ & C=O \\ H \end{matrix}} + \underset{\text{水素}}{H_2} \xrightarrow{(Pt)} \boxed{①\quad}$$

(b)

$$\underset{\text{アセトン}}{\begin{matrix} CH_3 \\ & C=O \\ CH_3 \end{matrix}} + \underset{\text{水素}}{H_2} \xrightarrow{(Pt)} \boxed{②\quad}$$

(c)

$$\underset{\text{アセトアルデヒド}}{\begin{matrix} H \\ & C=O \\ CH_3 \end{matrix}} + \underset{\text{水素}}{H_2} \xrightarrow{(Pt)} \boxed{③\quad}$$

(d)

$$\underset{\text{アルデヒド}}{\begin{matrix} H \\ & C=O \\ R \end{matrix}} + \underset{\text{水素}}{H_2} \xrightarrow{(Pt)} \boxed{④\quad}$$

(e)

$$\underset{\text{ケトン}}{\begin{matrix} R' \\ & C=O \\ R \end{matrix}} + \underset{\text{水素}}{H_2} \xrightarrow{(Pt)} \boxed{⑤\quad}$$

カルボン酸と酸の強弱

この講で習得してほしいこと

- □ カルボン酸の特徴（価数とヒドロキシカルボン酸） → 基礎知識チェック 19-1
- □ 酸の強弱を判断する因子 → 基礎知識チェック 19-2
- □ 酸の強弱の判断 → 解説例題 19-3

19.1 ● カルボン酸

（1） カルボン酸

酢酸，シュウ酸，乳酸など，カルボキシ基を持つ化合物をカルボン酸といいます。

CH_3COOH	CH_3CH_2COOH	$CH_3CH_2CH_2COOH$	HOOC — COOH
酢酸	プロピオン酸	酪酸	シュウ酸

```
CH3 — CH — COOH      HO — CH — COOH      HO — CH — COOH
      |                    |                   |
      OH              H — CH — COOH       HO — CH — COOH
    乳酸                 リンゴ酸              酒石酸
```

シュウ酸，リンゴ酸，酒石酸は分子内に COOH を 2 つ持つので，2 価の酸といいます。1 分子に含まれる COOH の数を酸の価数といいます。

また，ヨーグルトや乳酸菌飲料で知られる乳酸や，ワインの醸造の時に生じることがある酒石酸，リンゴ酸は，分子内に OH（ヒドロキシ基）も持っており，ヒドロキシカルボン酸といいます。

ちなみに，乳酸は乳酸菌のみならず我々ヒトでも体内で生成します。筋肉の疲労時に蓄積されることが知られています。

19.2 ● カルボン酸の特徴(カルボキシ基の特徴)

(1) 分子の性質と極性

有機化合物の特徴は，その共通構造（官能基）によります。－COOHで示されるカルボキシ基は，とても極性が大きいため，次のような性質が示されます。(極性 ≒ 電荷の偏り)

> 極性が大きい構造が含まれると
> ・分子間力が大きくなり，沸点・融点が高くなる（固体になりやすい）
> ・水に溶けやすくなる。

(2) 酸性を示す

カルボン酸RCOOHとは読んで字のごとく，酸性を示す物質です。ほとんどのカルボン酸が弱酸であり，下記の電離平衡が成り立ちます。この反応がとても右に進みやすい（電離がとてもおこりやすい）ものが，強酸です。

$$CH_3COOH \rightleftarrows CH_3COO^- + H^+$$
酢酸

$$CCl_3COOH \rightleftarrows CCl_3COO^- + H^+$$
トリクロロ酢酸

(3) カルボン酸の反応

酸性物質なので，塩基性物質（アルカリなど）と中和反応をおこします。有機反応については，第Ⅰ部で説明したエステル化反応と酸無水物生成の反応が理解できるようになれば，とりあえずはよいでしょう。しっかり復習しておいてください。

[基礎知識チェック19-1] 空欄を埋めましょう。

カルボン酸に含まれるカルボキシ基の数を［　　　　］という。また，分子内にヒドロキシ基も持つカルボン酸を，［　　　　］という。

カルボキシ基はとても［　　　　］が大きいので，融点が［　　　　］く，水溶性も高い。

◇沸点（融点）が高い（固体になりやすい）
カルボン酸は，分子量に比べ，沸点・融点が高くなります。酢酸の融点は17℃なので，冬場は薬品庫などで凍っています。シュウ酸，乳酸，酒石酸は共に常温で固体です。
◇水に溶けやすい
水には極性があり，極性が大きいカルボン酸とは親和性が強く混ざりやすくなります。そのため，水に溶けやすくなります。

19.2 ● 酸の強弱の比較（やや難）

（1） 酸の強弱

酸には，塩酸や硫酸のように水素イオンH^+を出しやすいものと，酢酸のように水素イオンを出しにくいものがあります。それぞれ，強酸，弱酸といわれます。酸の強弱を比較，判定できるようになることが，有機化学を効率的に学習するうえで必要です。

この酸の強弱も，電気的なプラスマイナスで決まります。

（2） 酸の強弱を判断する方法 O原子のプラスとマイナス

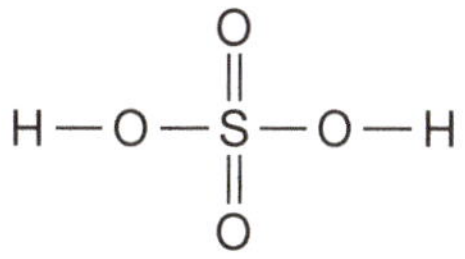

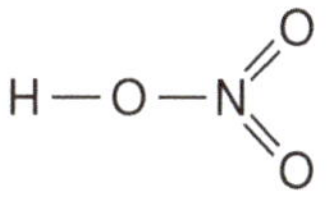

酸として強いということは，H^+を電離しやすい（放出しやすい）ことになります。ところで，我々が知っている酸は硫酸H_2SO_4も硝酸HNO_3（右図参照）も含めて－OHという構造を持っているもののほうが多いのです。有機酸はすべて－OHの構造を持っています。

OHからH^+が電離しやすい（放出されやすい）のは，Oがプラスの場合とマイナスの場合，どちらになるでしょうか。次の式をみて考えてください。

$$\diamond-O-H \longrightarrow \diamond-O^-: \quad H^+$$

OH間の電子がOに引き寄せられてH^+がとれるのですから，Oが通常よりプラスが強い場合（よりプラスの場合）のほうがH^+が離れやすくなります。そもそもOのほうが電気陰性度が大きく電子を引き寄せやすいので，それに加えて，Oが通常よりプラスになる要因があれば，酸としてより強くなります。それには，上の反応式の◇の部分が関係します。

すなわち，◇がOをプラスする働き（マイナスが弱くなる働き）があれば，酸として強くなります。

> 酸として強いのは，
> 　OHのOがよりプラスの電荷をもっている場合。
> 　Oに結合する原子団◇がOをより強いプラスにする（マイナスを弱くする）ほうが酸として強い。

[基礎知識チェック19-2] 〈 〉から適するものを選びましょう。

OHタイプの酸が酸として強くなるのは，Oが電気的に〈プラス・マイナス〉が強い場合となる。それは，OH間の結合の電子が〈酸素O，水素H〉のほうへ引き寄せられやすくなるためである。

(3)　酸分子の強弱の判断

酢酸 CH_3COOH とトリクロロ酢酸 CCl_3COOH のどちらが酸として強いかを判定します。すなわち，CH_3 と CCl_3 のどちらが OH の O をプラスにしやすいかを考察します。

《酢酸 CH_3COOH の場合》

C と H では，C の方が電気陰性度が大きいので，C のほうにマイナスが集まります（①）。

青色の炭素が受け取ったマイナスの電気は，隣の紫の炭素 C に伝わります（②）。さらに，O までマイナスが伝わります（③）。

O が通常よりマイナスになるので，OH 間の電子を引き寄せにくくなって H^+ が出にくくなります。⇒酸として弱くなる。

《トリクロロ酢酸 CCl_3COOH の場合》

C と Cl では，Cl のほうが電気陰性度が大きいので，Cl のほうに電子が引き寄せられ，C は相対的にプラスになります（④）。

青色の炭素のプラスの方に紫の炭素の電子が引き寄せられ，紫色の炭素 C はプラスになります（⑤）。すると，O の電子が紫の炭素に移動し，O がプラスになります（⑥）。

O が通常よりプラスになるので，H^+ が出やすくなります。⇒酸として強くなる。

すなわち，COOH が直接結合している原子（ここでは青色の C）が，酢酸の時はマイナスに，トリクロロ酢酸のときはプラスになり，その電気の性質が OH の O まで伝わり，酸の強弱が決まります。

◇－COOH の酸の強弱の判断法

◇がマイナスの電気を出しやすいほど，酸として弱い　◇→COOH …弱い

◇がプラスの電気を出しやすいほど，酸として強い　◇←COOH …強い
（マイナスを引き寄せやすいほど）

次の例題は難しめですが考え方を納得できるようになるまで本講を学習してください。酸の強い弱いは，理解しにくいのでなおさら試験などに出やすいのです。

[例題 19-3]

(A)　酢酸と CH_3COOH とトリクロロ酢酸 CCl_3COOH はどちらが強い酸ですか。

(B)　CH_3COOH と $CH_2ClCOOH$ はどちらが強い酸ですか。

【考え方】

(A)　答：CCl_3COOH　OHのOが電気的によりプラスになるほうが酸として強くなります。すなわちCH_3とCCl_3のどちらがOHのOをよりプラスにするかを比較すればよいのです。

電気陰性度の大きい順にCl＞C＞Hとなるので，CCl_3ではClがマイナスになりCがプラスになります。CH_3ではCがマイナスでHがプラスになります。すなわち，COOHに結合するCがよりプラスになるのはCCl_3のほうであり，Cl_3COOHのほうが酸として強くなります。

(B)　答：$CH_2ClCOOH$　$CH_2ClCOOH$は，酢酸のCH_3のHの1つをClに置き換えた分子です。その部位に注目して，電気陰性度にもとづいた電子の移動も描いた図です。Clになると電子がClのほうに引き寄せられ，Cのマイナスが弱くなります。その結果，相対的にCのプラスが強くなります。それがCOOHのほうに影響します。

Clに置き換わったCH_2Clのほうが，マイナスを伝える力が弱くなり，Oのマイナスの度合いが小さくなるので，相対的にOHのOがよりプラスになるため，酸として強くなります。

[第19講のまとめの問題]

(A)　次の物質の化学式で答えよ。

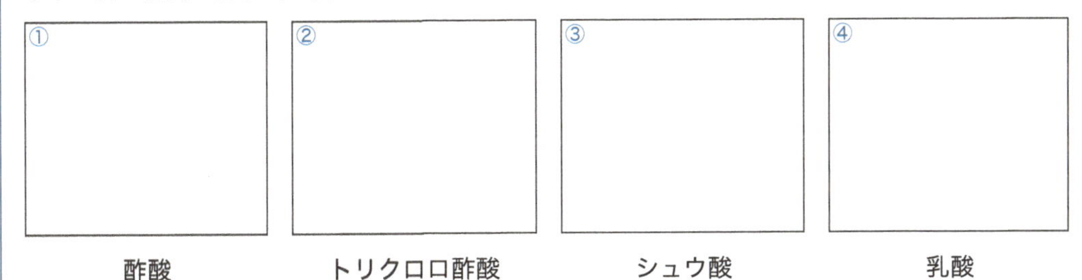

(B)　次の⑤～⑦で示したカルボン酸の酸を強い順に答えよ。

⑤　(a)　CH_3COOH　(b)　$CH_2ClCOOH$　(c)　$CHCl_2COOH$　(d)　CCl_3COOH

⑥　(a)　CH_3COOH　(b)　CCl_3COOH　(c)　CBr_3COOH　(d)　Cl_3COOH

注：電気陰性度の大小　F：4.0，Cl：3.0，Br：2.8，I：2.5，H：2.1，C：2.5

⑦　(a)　CH_3COOH　(b)　$C(CH_3)_3COOH$

注：CH_3－は電子供与性（マイナスの電気を押し出す性質）を持つ

第 20 講

物質の安定性と反応のおこりやすさ

この講で習得してほしいこと

- □ マルコフニコフ則による主生成物を答える → 反応式チェック 20-1
- □ ザイチェフ則による主生成物を答える → 反応式チェック 20-2

20.1 ● マルコフニコフ則

プロペン $CH_2=CHCH_3$ に臭化水素 HBr を付加させる場合，次の①，②に示すように 2 種類の生成物が考えられます。2 種類が等量生じてもよいように思えますが，①の方がたくさん生じます。そこで①のほうを主生成物，②のほうを副生成物といいます。

$CH_2=CH-CH_3$ ＋ HBr →
① $CH_3-CH(Br)-CH_3$　主生成物　2–ブロモプロパン
② $CH_2(Br)-CH_2-CH_3$　副生成物　1–ブロモプロパン

反応量に差が生じるのは，反応中間体の安定性が関係しています。中間体の安定性が高いほど，それから生じる生成物は存在しやすくなります。

ハロゲン化水素が付加するとき，まず水素イオンが結合し③，④の 2 種類の反応中間体の陽イオンが生じます。

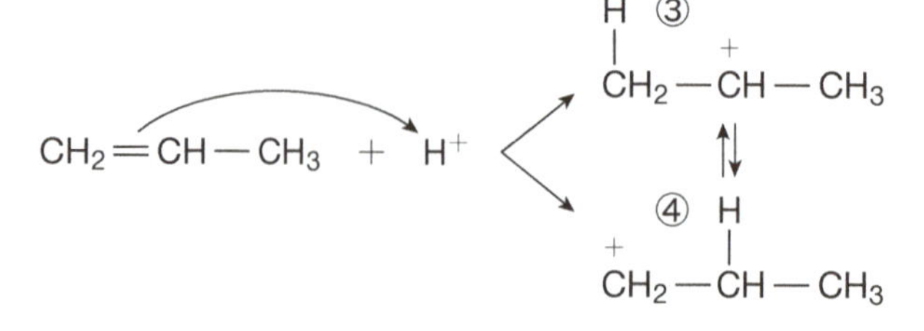

③：H が左端の炭素に結合し，中央の炭素はプラスになります。

④：H が中央の炭素に結合し，左端の炭素はプラスになります。

③と④のどちらが安定かが重要です。結論は，中央にプラスの電気を持っている③のほうが安定性が高くたくさん生じます。安定性が高いという指標の 1 つとして，対称性が高いというものがあります。③は左右対称になっており対称性が高くなります。

$$\overset{+}{C}H_3-\overset{+}{C}H-CH_3 \rightleftarrows \overset{+}{C}H_2-CH_2-CH_3$$

安定性　大 ＞ 小

③のほうがたくさんあるので，Br^- が中央の炭素に結合した 2–ブロモプロパンが主生成物となります。

ハロゲン化水素の付加反応のしくみ

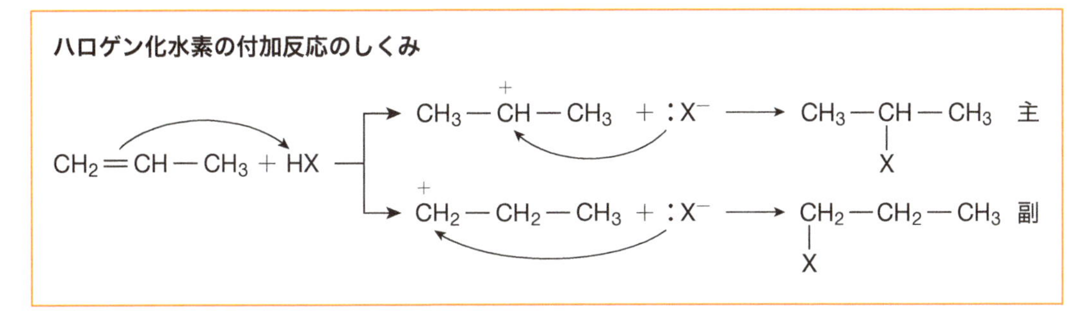

この生成量の規則は，ロシアのマルコフニコフが発表したので，マルコフニコフ則といわれます。

マルコフニコフ則

非対称のアルケンにハロゲン化水素が付加するとき，水素は水素が多数結合している炭素に，ハロゲンは水素が少ない方の炭素に付加する物質が多く生成する。

［反応式チェック 20-1］ 次の①～③の付加反応の主生成物を選びましょう（答えは巻末)。

① $CH_2=CH-CH_3 + HBr \longrightarrow$

Ⓐ $CH_3-CH(Br)-CH_3$　　Ⓑ $CH_2(Br)-CH_2-CH_3$

② $CH_2=CH-CH_3 + H_2O \xrightarrow{(H^+)}$

Ⓐ $CH_3-CH(OH)-CH_3$　　Ⓑ $CH_2(OH)-CH_2-CH_3$

③ $CH_2=CH-CH_3 + HCN \longrightarrow$

Ⓐ $CH_3-CH(CN)-CH_3$　　Ⓑ $CH_2(CN)-CH_2-CH_3$

20.2 ● ザイチェフ則

(1) アルコールに濃硫酸を少量加えやや高温で加熱すると，アルケンが生じます。たとえば，2–プロパノールからは，プロペンが生成します。

$$\underset{\underset{H}{|}}{CH_2}-\underset{\underset{OH}{|}}{CH}-CH_3 \xrightarrow{\text{濃硫酸}} CH_2=CH-CH_3 + H_2O$$

2–ブタノールを脱水させると次のように 2 種類の物質が生成することが予想されます。

$$\underset{\underset{H}{|}}{CH_2}-\underset{\underset{OH}{|}}{CH}-\underset{\underset{H}{|}}{CH}-CH_3 \xrightarrow{\text{濃硫酸}} \begin{cases} ① \ CH_2=CH-CH_2-CH_3 + H_2O \\ ② \ CH_3-CH=CH-CH_3 + H_2O \end{cases}$$

この場合も，一方が多く生成します。結論的には，②のほうが主生成物となります。すなわち，脱離反応で H と OH が外れるときは，H が結合している数の少ないほうの C に結合する H が外れます。

この反応で生成物の量に差が生じるのは，生成したアルケンの安定性によります。アルケンは，二重結合を持つ C に直接結合する H が少ないほうが安定性が高くなります。①の生成物は二重結合を持つ C には合計 3 個の H（青色）が，②の方は二重結合を持つ C には合計 2 個の H（紫色）があるので，少ないほうの②が主生成物となります。

この規則は，ロシアのザイチェフが発表したので，ザイチェフ則といわれます。

ザイチェフ則

アルコールの脱水などの脱離反応において，アルケン生成時に 2 種以上の生成物が考えられるとき，結合する H が少ないほうの炭素から H を取るように脱離がおこる。

［反応式チェック 20-2］ 次の①，②の脱離反応の主生成物を選びましょう（答えは巻末)。

①

$$CH_3-\underset{\underset{OH}{|}}{CH}-CH_2-CH_3 \xrightarrow{〔\text{濃硫酸}〕}$$

Ⓐ $CH_2=CH-CH_2-CH_3$

Ⓑ $CH_3-CH=CH-CH_3$

②

$$CH_3-\underset{\underset{OH}{|}}{CH}-CH_2-CH_2-CH_3 \xrightarrow{〔\text{濃硫酸}〕}$$

Ⓐ $CH_2=CH-CH_2-CH_2-CH_3$

Ⓑ $CH_3-CH=CH-CH_2-CH_3$

[第 20 講のまとめの問題] 次の反応の主生成物を簡略型構造式で答えよ。

$CH_2{=}CH-CH_3 \quad + \quad HBr \longrightarrow$ ①

$CH_2{=}CH-CH_2-CH_3 \quad + \quad HBr \longrightarrow$ ②

$CH_3-CH_2-CH(OH)-CH_3 \xrightarrow{\text{〔濃硫酸〕}}$ ③

$CH_3-CH(OH)-CH_2-CH_2-CH_3 \xrightarrow{\text{〔濃硫酸〕}}$ ④

「まとめの問題」の解答

[第 1 講]

① $$\begin{array}{ccccc} & & H & & \\ & & | & & \\ H & - & C & - & H \\ & & | & & \\ & & H & & \end{array} \quad CH_4$$

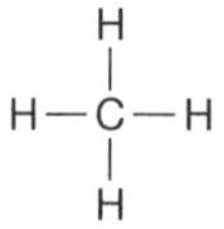

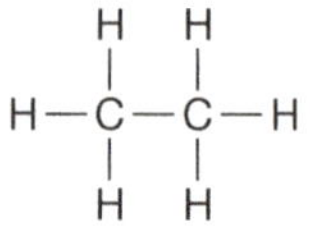

② $$\begin{array}{ccccccc} & & H & & H & & \\ & & | & & | & & \\ H & - & C & - & C & - & H \\ & & | & & | & & \\ & & H & & H & & \end{array} \quad C_2H_6$$

③ CH_3-CH_3

④ $$\begin{array}{ccccccc} & & H & & & & \\ & & | & & & & \\ H & - & C & - & O & - & H \\ & & | & & & & \\ & & H & & & & \end{array}$$

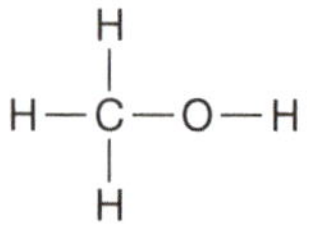

⑤ CH_3-OH

⑥ $$\begin{array}{ccccc} H & & & & H \\ & \diagdown & & \diagup & \\ & C & = & C & \\ & \diagup & & \diagdown & \\ H & & & & H \end{array}$$

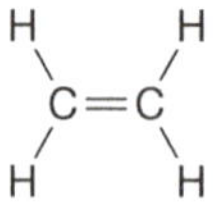

⑦ $CH_2=CH_2$

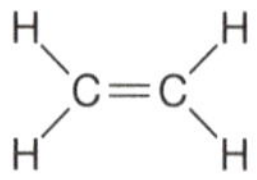

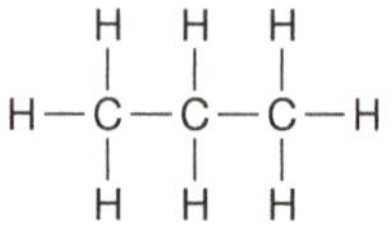

⑧ $H-C\equiv C-H$

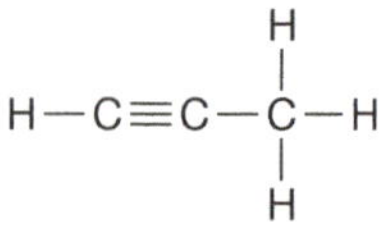

⑨ $CH\equiv CH$

[第 2 講]

① 炭化水素

② 二重

③ 三重

④ 付加

⑤ $H-C\equiv C-H$

⑥ $$\begin{array}{ccccccc} & & H & & H & & \\ & & | & & | & & \\ H & - & C & - & C & - & H \\ & & | & & | & & \\ & & H & & H & & \end{array}$$

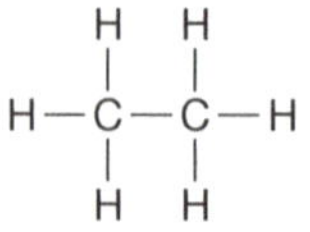

⑦ $$\begin{array}{ccccc} H & & & & H \\ & \diagdown & & \diagup & \\ & C & = & C & \\ & \diagup & & \diagdown & \\ H & & & & H \end{array}$$

⑧ $$\begin{array}{ccccccccc} & & H & & H & & H & & \\ & & | & & | & & | & & \\ H & - & C & - & C & - & C & - & H \\ & & | & & | & & | & & \\ & & H & & H & & H & & \end{array}$$

⑨ $$\begin{array}{ccccccccc} & & & & & & H & & \\ & & & & & & | & & \\ H & - & C & \equiv & C & - & C & - & H \\ & & & & & & | & & \\ & & & & & & H & & \end{array}$$

⑩ $$\begin{array}{ccccccc} H & & & & H & & \\ & \diagdown & & \diagup & & & \\ & C & = & C & & & H \\ & \diagup & & & \diagdown & \diagup & \\ H & & & & C & & \\ & & & \diagup & & \diagdown & \\ & & & H & & & H \end{array}$$

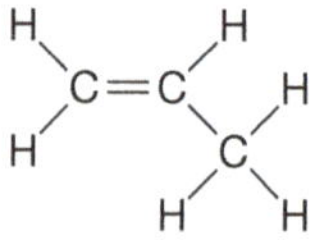

⑪ $CH_2=CH_2$

⑫ CH_3-CH_3

⑬ $CH_2=CH-CH_3$

⑭ $CH_3-CH_2-CH_3$

⑮ $CH\equiv CH$

⑯ $CH_2=CH_2$

⑰ $CH\equiv C-CH_3$

⑱ $CH_2=CH-CH_3$

[第 3 講]

① ヒドロキシ

② $-OH$

③ CH_3OH

④ CH_3CH_2OH

⑤ プロパノール

⑥ CH_3CH_2OH

⑦ CH_3CHO

⑧ CH_3COOH

⑨ $R-CH_2OH$

⑩ $R-CHO$

⑪ $R-COOH$

[第 4 講]

① $HCOOH$

② CH_3COOH

③ $HOOC-COOH$

④ $CH_3COOCH_2CH_3$

⑤ $C_2H_5OC_2H_5$

⑥ カルボン酸

⑦ アルコール

⑧ エステル

⑨ 酢酸

⑩ 無水酢酸

⑪ C_2H_5OH

⑫ $C_2H_5OC_2H_5$

[第5講]

① ベンゼン

② (toluene: benzene ring with CH_3)

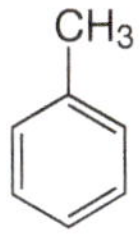

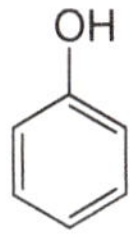

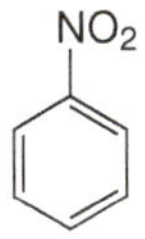

③ (phenol: benzene ring with OH)

④ (nitrobenzene: benzene ring with NO_2)

⑤ (benzene ring)—NO_2

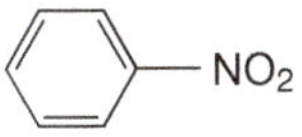

[第6講]

① ㋓, ㋔

② ㋐, ㋑, ㋕

③ ㋐, ㋑, ㋒

[第7講]

① ヒドロキシ

② C_2H_5OH

③ カルボキシ

④ CH_3COOH

⑤ ホルミル（アルデヒド）

⑥ CH_3CHO

⑦ エステル

⑧ $CH_3COOC_2H_5$

⑨ ニトロ

⑩ $C_6H_5NO_2$

⑪ $CH_3CH_2CH_3$

⑫ CH_3CH_2CHO

⑬ CH_3CH_2COOH

⑭ $CH_3CH_2COOCH_2CH_3$

[第9講]

① C_3H_8

② C_4H_{10}

③ C_6H_{14}

④ ペンタン

⑤ アルカン

⑥, ⑦, ⑧

$CH_3-CH_2-CH_2-CH_2-CH_3$

$CH_3-CH(CH_3)-CH_2-CH_3$

$CH_3-C(CH_3)_2-CH_3$

⑨ 直鎖

⑩ 分岐

⑪ 小さ（弱）

⑫ 低

⑬ やす

⑭ $5O_2$

⑮ $3CO_2$

⑯ $4H_2O$

⑰ $8O_2$

⑱ $5CO_2$

⑲ $6H_2O$

[第10・11講]

① CH_3-CH_2Br

② $CH_2=CHBr$

③ $CH_2=CHCl$

④ CH_3-CH_2-OH

⑤ CH_3-CH_2-CN

⑥ CH_2Cl-CH_2Cl

⑦ CH_2Br-CH_2Br

⑧ $CH_2Br-CHBr-CH_3$

⑨ $CHBr=CBr-CH_3$

[第12講]

① エ, オ

② ア, ウ

③ イ

④ (benzene ring with SO_3H)

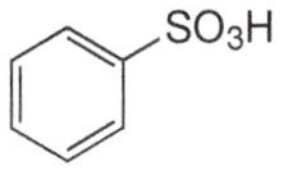

⑤ (benzene ring with CH_3)

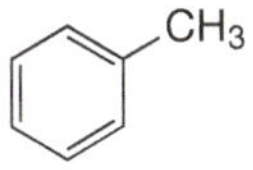

[第13講]

① ㋐, ㋒, ㋔, ㋕, ㋖, ㋘, ㋚, ㋜

② ㋓, ㋛

③ ㋑, ㋙
④ ㋗

[基礎知識チェック 14-2]

① ㋑
② ㋐, ㋓
③ ㋒

[第 14 講]

① $CH_3-CH_2-CH_2-CHO$
② $CH_3-CH_2-CH_2-COOH$
③ $CH_3-CH=CH_2$

[第 15 講]

① $CH_3-\underset{\displaystyle Cl}{\underset{|}{CH_2}}$
② $\underset{\displaystyle Br}{\underset{|}{CH_2}}-CH_2-CH_3$
③ $CH_3-\underset{\displaystyle Br}{\underset{|}{CH}}-CH_3$
④ $CH_3-\underset{\displaystyle Br}{\underset{|}{CH}}-CH_2-CH_3$
⑤ $R-OH$
⑥ C_2H_5OH
⑦ Br^-
⑧ $CH_2=CH_2$

[第 16 講]

マイナス

[第 17 講]

① 求核置換
② 求核
③ CH_3CH_2OH
④ CH_3OH

[第 18 講]

① CH_3OH
② $CH_3-\underset{\displaystyle OH}{\underset{|}{CH}}-CH_3$
③ CH_3CH_2OH
④ RCH_2OH
⑤ $R-\underset{\displaystyle R'}{\underset{|}{CH}}-OH$

[第 19 講]

① CH_3COOH
② CCl_3COOH
③ $HOOC-COOH$
④ $CH_3-\underset{\displaystyle OH}{\underset{|}{CH}}-COOH$
⑤ (d) ＞ (c) ＞ (b) ＞ (a)
⑥ (b) ＞ (c) ＞ (d) ＞ (a)
⑦ (a) ＞ (b)

[反応式チェック 20-1]

① Ⓐ
② Ⓐ
③ Ⓐ

[反応式チェック 20-2]

① Ⓑ
② Ⓑ

[第 20 講]

① $CH_3-\underset{\displaystyle Br}{\underset{|}{CH}}-CH_3$
② $CH_3-\underset{\displaystyle Br}{\underset{|}{CH}}-CH_2-CH_3$
③ $CH_3-CH=CH-CH_3$
④ $CH_3-CH=CH-CH_2-CH_3$

索引

[か]

[さ]

[た]

[な]

[は]

[ま]

[ら]

著者紹介

和田重雄　博士（理学）

1992年　東京大学大学院理学系研究科　博士課程修了

現　在　日本薬科大学教養・基礎薬学部門　教授

木藤聡一　博士（工学）

2005年　金沢大学大学院自然科学研究科　博士後期課程修了

現　在　北陸大学薬学部教育研究センター　准教授

NDC499　111p　26cm

薬学系の基礎がため　有機化学

2017年12月7日　第1刷発行

2024年　2月2日　第3刷発行

著　者　和田重雄・木藤聡一

発行者　森田浩章

発行所　株式会社 講談社

〒112-8001　東京都文京区音羽2-12-21

販売　(03) 5395-4415

業務　(03) 5395-3615

KODANSHA

編　集　株式会社 講談社サイエンティフィク

代表　堀越俊一

〒162-0825　東京都新宿区神楽坂2-14　ノービィビル

編集　(03) 3235-3701

本文データ制作　株式会社 エヌ・オフィス

印刷・製本　株式会社 ＫＰＳプロダクツ

落丁本・乱丁本は，購入書店名を明記のうえ，講談社業務宛にお送りください．送料小社負担にてお取替えいたします．なお，この本の内容についてのお問い合わせは，講談社サイエンティフィク宛にお願いいたします．定価はカバーに表示してあります．

Printed in Japan

ISBN 978-4-06-156326-1